ソフトウェア品質を高める 開発者テスト 改訂版

アジャイル時代の実践的・効率的でスムーズなテストのやり方

◎著者＝情報工学博士 高橋 寿一

本書を手に取ってくださった皆さんへ

『知識ゼロから学ぶソフトウェアテスト』の初版を書いてから、はや17年。2013年に改訂し、初版から改訂版まで毎年しっかり売れ続け17刷になりました。その間に筆者の周りで常に起こっていることは、「テストの仕方はわかったから**バグが出ない仕組みを教えてくれ**」でした。バグが出てからつぶすよりは、バグが出ないようにする。まっとうな考え方です。

そこで本書では、数ある品質の書籍の中で、唯一と思われる**バグを出さない仕組み**を書きました。以下、本書の大きな枠組みをまず簡単に要約します。

上流品質向上のためのテスト［第2章］

この章では、上流品質とはなにか、ちまたで言われているShift Left（シフトレフト）というものがどういう効果をもたらすかを説明しています。

開発者テストの基本の基本［第3章］

開発者はテスト手法について知ってるようで、実は知らなかったりします。テストのプロのような品質概念の知識はいりませんが、境界値テストといった基本的なテスト手法は知るべきであり、それが多くの開発中のテストに役立ちます。

コードベースの単体テスト［第4章］

単体テストは全員の開発者が知っていると言うかもしれませんが、ほとんどの開発者が本当はよく知らない、不思議な技術です。膨大なサンプルコードが載っている書籍もありますが、本質を言い当てている書籍は少ないと思います。本書で単体テストの本質を理解し実践力を培ってください。

単体テストの効率化——楽勝単体テスト［第５章］

プロジェクト後半でのバグを少なくするために単体テストでバグをなくしませんか？　また、「出荷後にバグが出るのは、システムテストでつぶすことのできない種類のバグが存在するからですよ！」と言っても、どこの会社からも返ってくる言葉は「やりたいのですが、単体テストをやっている時間がありません」です。時間がないから単体テストをやるわけなのですが、単体テストの領域は日本のソフトウェア開発で一番理解が欠ける技術領域です。本書では効率的で、楽な単体テストの方法を説明します。

システムテストの自動化［第10章］

上流でテストをすれば、下流でのテストは減っていきます。ほとんどなくなると言っても過言ではありません。ただ日本の多くの組織で協力会社まかせの手動のマニュアルテストをやっていたりします。「下流工程の品質向上のための活動を労働集約的に行うよりは、労働集約なのだから手動ではなく自動でやりましょう」という考えは、上流テストへのまず一歩というふうにも考えられます。その中で正しいシステムテストの自動化は、実は大きな開発効率の改善にもなりえます。

アジャイル・シフトレフトのメトリックス［第13章］

品質というのを定量的に示すことは非常に重要です。品質は良すぎても(予算というものがある)、悪すぎてもいけません。アジャイル・シフトレフトのメトリックスもウォーターフォール時代のメトリックスが適用しにくくなっています。アジャイル・シフトレフトに特化したメトリックスを説明します。

アジャイルにおける要求仕様［第14章］

ウォーターフォールでもアジャイルでも要求仕様は重要です、その要求仕様からどのように品質を上げるかを説明します。

増補・改定について

『ソフトウェア品質を高める開発者テスト』が出版されてから1年余り、コロナ渦の中でこの本は多彩な反響のなか増刷が決まりました。通常であれば、なにも文章を変えずに増刷になるところですが、アジャイルテストの方法論があまりにも少ないことに無学な筆者は気づきました。そして案の定、発刊して評判は非常によかったのですが、講演や本の説明をすると、皆様からの質問はアジャイルと結びつけたものばかりでした。シフトレフトは正しい、アジャイルも正しい、そして同じような方法論でその開発は進められている。希望的観測も含め。

しかしシフトレフトとアジャイルのコンセプトは非常に異なるので、アジャイルとシフトレフトを一緒くたに扱うことは非常に文章構成上難しいです。なので初版ではあまりアジャイルを主張せずに書きました。まあ楽をしてしまったのです。しかしやはり多くのコンサルを行う中で、アジャイルとシフトレフトを組み合わせながらやらないと、品質が上がらないことに気づきました。

初版本においてはアジャイルを脇役として書いていたので、構成は非常にシンプルで、スムーズに書けたと思っています。しかし改訂版ではアジャイル品質について多くの記述を入れたため、構成が複雑になっており、読者がわかりやすく読めるかは非常に危うくなってしまいました。

筆者の筆の力の及ぶ限り、うまくシフトレフトとアジャイルの融合を説明したかったのですが、品質とアジャイルの関係がふわっとしており、その定義の論文も少ないので困難を極めました。

内容を理解するにあたっては読者の努力を求める改訂版になってしまいましたが、その分新しい技術や知識を入れたので、本書がきっと役に立つものになると信じています。

目 次

図目次

1 はじめに

まず本書の骨子となる部分を定義したいと思います。定義と聞いて重苦しくなるのはわかりますが、やはり方向性を明確にしないと理解が難しいので、ちょっとつまらないかもしれませんが、読んでみてください。もちろん現場で単体テストだけ困ってるんだ！　みたいな人は読み飛ばし、各テクニックの章を読んでいただいてもけっこうです！

1.1 上流品質

「上流品質」という言葉がよく使われます。そしてなぜかそれが大事なことのようにあちこちの研究会などで話されています。「上流品質ってなんだ？」と昔は思っていましたが、今はなんとなく理解できます。

筆者は多くのテスト技術をアメリカで学びました（まあ日本食が恋しいからと言って、アメリカから逃げ帰ってしまいましたが)。英語でDevelopers Test, Requirement Quality（開発者テスト、品質要求）という言い方はしますが、上流品質という言い方はあまりしません。ところが、なぜか日本ではいつも上流品質という言葉が品質のトピックとされます。それは強いて言うならShift Left（シフトレフト）です。しかし、Shift Leftがそれほどアメリカで使われるかと言えば、日本の上流品質という言葉に比べるとあまり使われていないような印象です。

Shift Leftという言葉を聞き慣れない方に軽く説明すると、図1.1のように品質の向上活動を設計コーディングフェーズにもっていくという活動であり、その結果により様々な品質面のメリットがあります。もちろんその様々なメリットは後々紹介します。

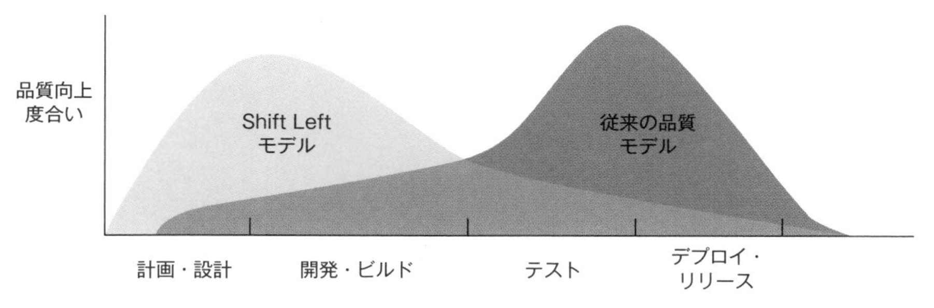

図 1.1　Shift Left

日本のソフトウェアの一番の問題は、要求から設計からコーディングから、すべてのフェーズで起こったバグを、最終工程のテストでつぶそうとすることに起因します。筆者はすでに老害の領域に入る古参のソフトウェアエンジニアですが、いつの時代からか、もしくはどこかのソフトウェアドメインからか、バグは最後につぶすようになった気がします。

筆者が以前の職場である米・Microsoftから日本に戻ったとき、なぜこんなにソフトウェア開発スタイルが遅れているのか、なぜ開発者は自分の書いたコードに対して無頓着なのかと驚きました。

ソニー時代、そしてソニーを辞めてからも品質コンサルタントをやってきましたが、幸か不幸か、おそらく日本でもまれな上流品質を向上させるコンサルタントをやっています。一般的には品質なりテストなりの専門性を持つ人は、ソースコードを見ない、もしくは見慣れていない、ということがあります。そういった人は、バグ曲線を見たり、「テストケースが足りませんね～」なんて言ったりします。

ただ、あまり筆者はこの手の品質改善のやり方は好きではありません。人間が要求仕様を作成し、その要求仕様の10倍以上のソースコードを人間が書いて、そのソースコードがダメダメだからバグが出ると筆者は考えています。

そのため、いつも品質が上がらない製品について相談を受けるときはまず「ソースコード見せてください」と言います。まれにお客さんによっては、「契約上でソースは見せられないんですが、それ以外の部分で品質を見ていただけないでしょうか？」と言われることがありますが、当然そういう仕事は受けません。氷山の一角でしか品質を判断できないからです。要求仕様が立派でも、ソースコードが汚いプロジェクトはいくらでもあります。200行一切コメントがないソースコードや、if文の中にswitch文があってそのcase文の中にswitch文がある等々。

先に述べたように、品質コンサルタントでも、ソースコードをバリバリ読める人がいるかというと、日本ではその数は非常に少なく、片手で収まるほどではないかと思います。短い時間で多量のソースコードを読み解き（もちろんツールも使いますが）、その膨大な（たいてい100万行以上の）ソースコードの中で、なにがダメかを特定するのは難しい技術であり、並の開発者にはできません。もちろん、ある程度優秀な人が訓練を積めばできますが、そういう優秀な人はたいてい品質領域ではなく、開発の領域でバリバリプログラムを書く仕事に就くものです。

筆者の才能はないかもしれませんが（でも努力はしました、日本で一番様々なソースコードを見ているという自負はあります）、膨大なソースコードの中から、その組織の根本的な問題を見出すスキルを長年のコンサル的な仕事から習得しました。その技術を自分一人の中で閉じるのは、個人的にはあまりに寂しいものです。そこで、本書でその技術の一面を、これからソフトウェア品質を向上させたいというエンジニアに開示します。

Microsoft、SAP、ソニーと一貫して上流品質の職に従事してきたレアな存在としても本書を書き進めたいですし、これまで貴重な経験もしてきて、良くも悪くも一流の会社を渡り歩いてきた知見を形にしたいと考えました(嫌な自慢話と思う人もいるかもしれませんが……)。今もって世界を代表する企業で経験した上流品質の改善活動を、読み物として読んでいただいてもよいでしょう。

最初に本書の目的は2つあります。

- **Shift Leftすること（Agileで品質を担保すること）**
- **楽をすること**

上流品質を向上（Shift Left、もしくはAgileでの品質担保）させるには、やはりそれなりのテクニックが必要です。しかし、そのテクニックが包括的に書かれている本は少ないですし、また、高等教育機関でも教えられていません。そのため、本書の内容が、上流品質の向上を求めている開発エンジニア、テストエンジニアにとって少しでも助けになればと願っています。

市場問題を起こすと、どの組織でも再発防止活動をします。その防止策の多くは、「レビューを追加する」「単体テストをちゃんとやる」的なものだったりします。しかし、多くの組織において再発防止活動は反省文で終わり、再度同じような市場問題を起こします。なぜなら、上流品質の向上というものは、大きな活動であり、予算や人員が多く必要な活動であると考えられているからです。なので、上司もエンジニアも、「まあ反省会では、ああ言ったけど、現実的にはムリだよね！」感を暗黙の了解として、反省会のアクションアイテムは遂行されません。そして、毎年それが繰り返されるのです。

本書では「コストが増加しない」「人員を増員しない」という状況でも上流品質を上げる活動を提言します。じゃなければ皆さんやらないですよね？

1.2 アジャイルでの品質

アジャイルの品質とはなんでしょうか？　たぶん真剣に考えたことがある人は少ないのではないでしょうか？　筆者も本書を書く前まではなんとなくぼんやりとしかイメージしてなかったのでここで明確化したいと思います。

まずアジャイルとはなにかということを品質視点で紐解いていきましょう。一番わかりやすいScrumの手法を提案した原典をもとに考えてみたいと思います [TAK86]。Scrumとは、

- **不安定な状態を保つ（Built-in insability）**
- **プロジェクトチームは自ら組織化する（Self-organizing project teams）**
- **開発フェーズを重複させる（Overlapping development phases）**
- **マルチ学習（"Multilearning"）**

- **柔らかなマネジメント（Subtle control）**
- **学びを組織で共有する（Organizational transfer of learning）**

だそうです。さらに、この文献には「Multidisciplinary team whose members work together from start to finish.」と書いてあるのですが、品質の観点から筆者はこの一文が一番重要だと思っています。多彩な機能を持つチームが一緒に初めから終わりまで作業する。テスト担当者も開発者も初めから最後まで一緒に作業する。コーディングフェーズは開発者が、コーディングが終わったらテスト担当者がテストではなく、コーディングしながらテストするのがScrumだと筆者は理解しています。そういう意味ではシフトレフトとScrumは大枠で言えば似ています。シフトレフトは開発で出たバグは開発中に見つけるのですから。

マルチ学習（"Multilearning"）：Scrumではマルチな学習は必要になります。チームで一丸となって取り組むのですぐ隣の人がなにをやってるのかを理解する必要がありますし、たとえば隣の人が非常に忙しければその人を手伝う必要があります。本書を読んで品質・テストについて開発者の皆さんが学んでいるということはScrum的には正しい行動になります。逆にテスト担当者が開発スキルを理解し、リファクタリング指南をすることも重要なマルチ学習になります。このようにScrumの基本を理解しつつ臨機応変に品質の担保をチームで行うのがアジャイルの品質担保だと考えます。

1.2.1 アジャイルテストとは

筆者が考えるアジャイルテストとは、図1.2に示すような概念の定義が必要だと思います。

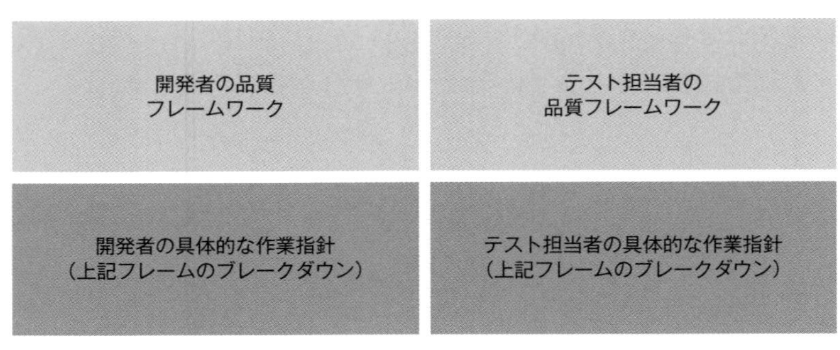

図1.2 アジャイル品質を支える4つのボックス

4つのボックスをアジャイルという短いライフサイクルの中で満たさなければなりません。ここでなぜ4つもボックスが必要かを少し述べてみます(ちとつまらない話ですがw)。

アジャイルでは開発者とテスト担当者でタッグになって同じイテレーションの時間内に品質担保をしなければなりません。単体テストもユーザーストーリに対する品質も、開発者だけで品質の良いソフトウェア開発を成し遂げるのは難しいと考えます。

ウォーターフォールモデル（Vモデル）では、開発者はテスト担当者に品質の責任を押し付けることが可能でしたが、アジャイルではそうはいきません。品質の活動や費用は少なく見積もっても半分以上は開発チーム側にシフトしていきます。シフトレフトという言い方でもいいですが、さらに二週間とかいう時間の制約があるシフトレフトになります。なので、まず開発者とテスト担当者という2つの役割分担というボックスが必要になります。開発者がなにをやって、テスト担当者がなにをやるとか、ユーザーストーリに対してどういったアプローチをするとか、非機能部分のテストはどうするとか、探索的テスト（詳細は第11章を参照）はするのしないのとか。テスト担当者にとっておなじみのIEEE 829（テスト計画書）的なものです。

次は作業指針というボックスについての説明です。開発者の具体的な作業指針は、どのようにメトリックスを達成するかの具体的なアクティビティを定義します。基本的にはデータに基づいた品質活動が常に重要だと筆者は考えます。開発者テストではコード網羅率を何%達成すべきで、コード品質（複雑度やCKメトリックス（詳細は第7章を参照））はどのように達成するか等々のゴールとして定義されたメトリックスを達成するために、なにを行うかを定義します。

テスト担当者の具体的な作業指針は今後一番難しくなる領域だと思います。なぜなら、スクラム・アジャイルにおいてどのようにシステムテストでバグを見つけるかが定義されていないからです（図1.3参照）。開発者が品質をどう上げるかは定義されていますが。

それでは今までウォーターフォールモデルでやっていたシステムテストは必要ないのでしょうか？　そこまで割り切れる組織はまだまれだと思っています。やはり最終工程でソフトウェアを触っているとバグが見つかります。ですからアジャイルでも品質データを達成目標とした、アジャイル用のシステムテストが必要になるかと考えます。他にもユーザーシナリオからテストケースを抽出してイテレーション期間の中で行うことも重要ですし、2週間という短い期間で終了するにはもう探索的テストしかテスト手法は残ってないような気もします（詳細は第11章を参照）。

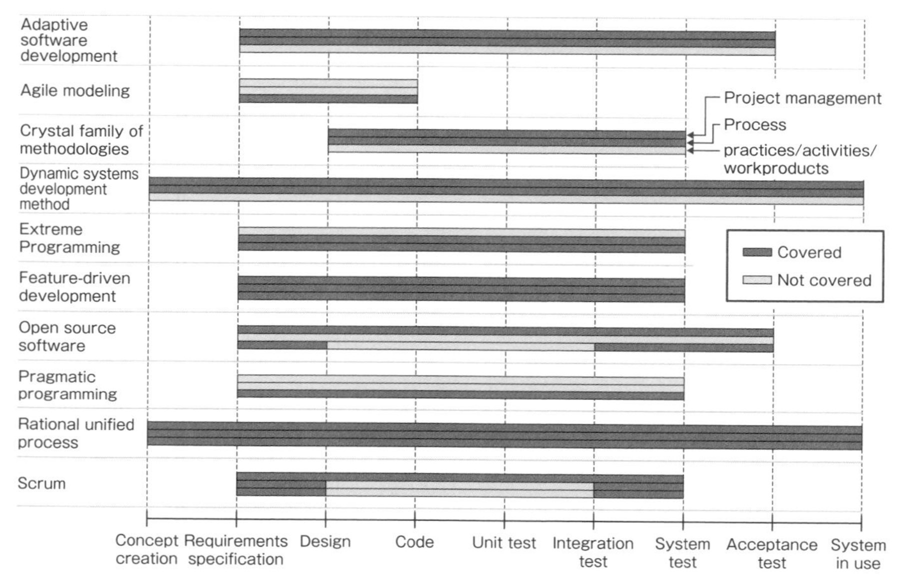

図1.3　各開発手法におけるソフトウェア開発ライフサイクル [BES17]

アジャイルにおいてはシステムテストの活動が定義されていない、ゆえにシフトレフトの活動は必須であり、なおシステムテストですべき活動は自組織で定義しなければならない

アジャイルにおいては、データに基づいた（メトリックスベース）のシステムテストを自組織で決めなければなりません。ウォーターフォールモデルでバグの数をライフサイクル全体で数えて、バグの数が寝てきたな〜、それではリリースしよう！　なんて会話は今後一蹴される世界になります。そういう意味ではシステムテストをどうやるかより、どう定量的に計測するかが重要で、本当の意味での信頼度成長曲線を書く必要があると思っています（信頼度成長曲線の詳細のついては第13章を参照）。

2

上流品質向上のためのテスト

先に述べたように、日本で定説化・定型化されている、すべての工程のバグをシステムテストで解決しようとすると、絶対にうまくいきません。もちろんアジャイルで、最後のイテレーションですべてのバグをシステムテストでみつけようとすることも。Capers Jones [JON08] という世界的に著名な学者もカオスな状態になると説いていますし、皆さんも体感しているでしょう（図2.1・図2.2）。

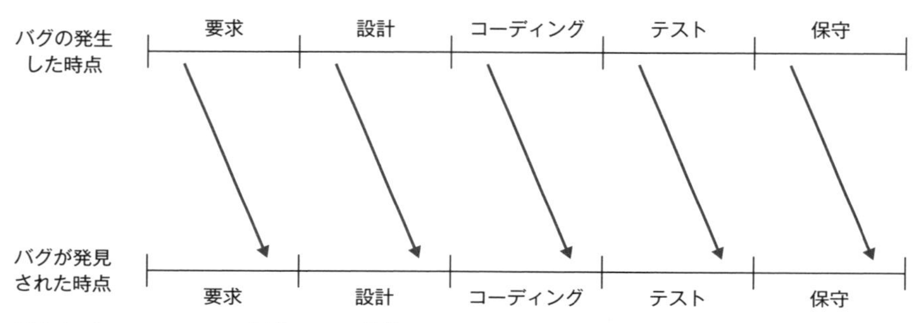

図2.1　Capers Jonesの言う正しい状態

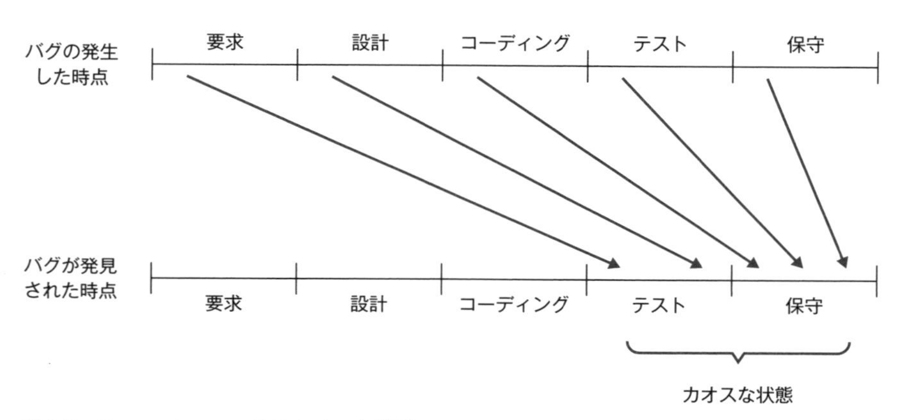

図2.2　Capers Jonesの言うカオスな状態

なにより製品開発のピークを後半に作ることは（Shift Right）、期日通りに製品を出荷するという意味でもリスクをはらんでいますし、突然最後のフェーズでテスト部隊（たいてい協力会社）が入ってきて、無計画に操作し、バグをたくさん出すというのは健全な製造業として正しい姿ではありません。

工学において機械設計、電気設計もそんな無茶なことはやっていません。たとえば、バイクが設計書通りにできあがっているか否かを、試作のバイクをいきなり乗り回し、「あー、ここ設計通り作られてないですね！」なんていう機械設計製造があったら、あぶなっかしくてしょうがありません。部品一つ一つの信頼性を事前にチェックし、設計書通りにできあがるかを確認していってから、組み立て後のチェックを行います。しかし、ソフトウェア業界では、下流工程においてソフトウェア設計はおろか、簡単なコードも書けない協力会社の人がたくさんやってきて、できあがったものをデタラメに操作し、バグを出すのは日常の光景だったりします。

ほんと日本のソフトウェア開発現場はヤバい。

2.1 上流品質活動

まず上流品質を上げるための活動をざっくり見てみましょう。まあイコール本書の目次となるわけですが。

品質向上＝システムテストをちゃんとやる

先に説明したように、あまり成熟しない組織ほど上記のような図式で考えています。本書では、そのような方々のために、上流品質の担保についていくつかの提案をしていきます。

- 要求仕様・ユーザーストーリの明確化
- クラスや関数構造をシンプルに保つ
- 単体・統合テストの実行
- レビューの実施

それらの品質の側面を考慮し素早く実行する！

それだけのことです。それをしっかり実行すれば、出荷間際の休日出勤や、再現できないバグをチーム一丸で苦労して再現させ修正したり、最後の最後で修正したバグがエンバグで再度ビルドしなおして出荷したりなど、いわゆるエンジニアリング作業で嫌なことはかなり減ります。このことを本書で詳しくゆっくり説明していきます。

2.2 さぼる・逆らう人のための上流テスト講座

前節を読み、

> そうだよねー！ 「要求仕様やユーザーストーリの明確化」「クラスや関数構造をシンプルに保つ」をしなきゃ！

というエンジニアもいると思いますが、

> 「単体・統合テストの実行」「レビューの実施」、そんなことはわかってるよ、上流でやるのが正しいのも。でも忙しくてできないじゃん！

というエンジニア（逆らうエンジニア）もかなりいます。多くの組織で……。

- **マネジメントは上流で品質を担保したいが、部下のエンジニアリング部門が乗り気ではない。すぐ彼らは「忙しい！」と言うので、マネジメントとしてはあきらめかけている。**
- **エンジニアも上流で品質を改善したいが、忙しくてそれどころではない。**

そんなジレンマを多くの組織で抱えているのではないでしょうか？

2.2.1 上流品質と出荷後の品質

忙しいと言って逆らう人々を説得したいので、まず図2.3 [IPA17] を見ていただけないでしょうか？ これは独立行政法人情報処理推進機構から出てきた数値で、あきらかに上流で品質を担保したほうが、出荷後の品質は上がると書いてあります。

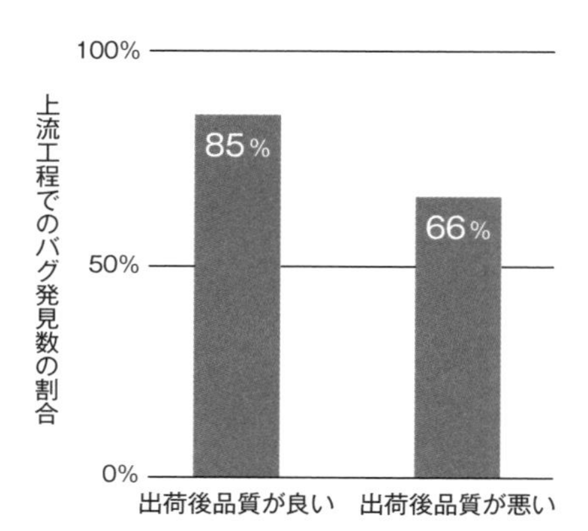

図2.3　上流工程でのバグ発見数の割合と出荷後の品質 [IPA17] ※1

また、そのゴールとしては上流工程では85%以上のバグを発見できれば、たいていのプロジェクトが大きなスケジュール遅れや、出荷後の致命的なバグの発見はないと筆者は考えます。85%のバグを検出するのは正しいコーディングだけではダメで、要求仕様、さらに設計段階でのバグの検出（正しい設計への熟慮）が必要です。

なにを言わんとしているかというと、いくら後半工程でバグを見つけても、出荷後の不具合が減るかどうかはおのずと限界がある、ということです。ある種の（集合体とも言えるかもしれない）バグというのは、システムテストでは見つからないことが証明されています。表2.1に示すように統合テストで見つかるバグは多くて40%。システムテストで見つかるバグは

※1 「品質が良い」としたグループは発生不具合密度が0.02件/KSLOC未満、「品質が悪い」としたグループは発生不具合密度が0.02件/KSLOC以上。KSLOC（キロソースライン）はKilo Source Lines Of Codeの略で、ソースコードの行数が1,000行のこと。

多くて55%。大規模のベータテストで60〜75%のバグが見つかりますが、大規模ベータテストなしでは（普通の製品は大規模ベータテストは行わない）、テストだけではかなり広いエリアのバグを見逃します。

表2.1　Beizerのバグ検出 [BEI90] ※2

QA活動の種類（Activity）	レンジ
カジュアルなデザインレビュー Informal design review	25%〜40%
フォーマルデザインインスペクション Formal design inspection	45%〜65%
インフォーマルなコードレビュー Informal code reviews	20%〜35%
カジュアルコードインスペクション Informal code inspection	45%〜70%
モデル化やプロトタイプの作成 Modeling and prototyping	35%〜80%
個人的なコードチェック Personal desk-checking of code	20%〜60%
ユニットテスト Unit test	15%〜50%
新機能のテスト New function（component）test	20%〜35%
統合テスト Integration test	25%〜40%
回帰テスト Regression test	15%〜30%
システムテスト System test	25%〜55%
小規模のベータテスト（10サイト以下） Low-volume beta test（< 10site）	25%〜40%
大規模のベータテスト（1000 サイト以上） High-volume beta test（> 1000site）	60%〜75%

※2　古い文献だが、Capers Jones [JON08] や、2004年に書かれたSteve McConnellの書籍『Code Complete』[MCC04] にも引用されているので、それなりの価値のあるデータである。

2.2.2 上流品質と残バグのリスク

上流でバグをつぶさないと、多くのバグを後半の工程で見つけることになるため、その網の目をくぐり抜けて、**出荷後にバグを顧客に見つけられてしまう**というリスクがあります。

ソフトウェア工学において、この開発工数と摘出されるバグの関連性は、図2.4のような特性を持つことが多いです。たとえば、Putnam [PUT05] が次のように言っています。

> **早期のコードインスペクション、レビュー、繰り返し型開発、周期的構築などに重点をおくと欠陥摘出曲線は開発の初期（すなわち左側）に移動する**
>
> Lawrence H. Putnam

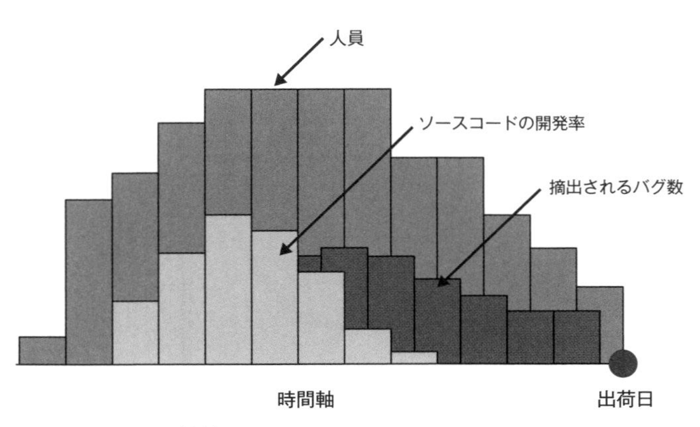

図2.4　レーリー特性1

まさに金言です。シフトレフト的でもあるし、アジャイルならイテレーション期間内に致命的なバグはある程度つぶしておく必要があります。アジャイルで各イテレーションですべてのバグをつぶす必要はありませんが(当然次のイテレーションでユーザーストーリが変わる恐れがあるので)、単体テストを書いている以上、単体テストで見つけられる致命的なバグはつぶすべきだと思います。

避けるべき事態は、コーディング工数に比例して、またプログラム量に比例してエラーを作り込み（当然単位行数当たりのバグ混入率はどの組織も同様なので)、最後にレビューやインスペクションを十分に実施することなく、テスト開始し大部分のエラーは統合テストやシステムテストで見つけることです。ここで怖いのは、次の2点です。

- **プロジェクトの後半でバグをつぶすコストは、前半のコストの数倍かかる→効率が悪い=お金がかかる**
- **プロジェクトの後半でバグをつぶすと、つぶしきれず出荷後のバグになるリスクがある**

プロジェクトの後半のシステムテストで多くのバグを見つけると、図2.5のように出荷日以降にバグが出ることがあり、それはラッキーかアンラッキーに依存します。前回うまくいったからって、今回うまくいくとは限りません。

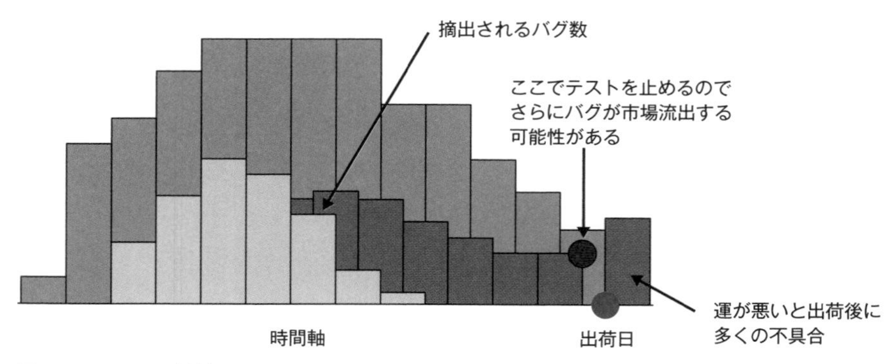

図2.5　レーリー特性2

もし単体テストやレビュー、インスペクションを十分したらどうなるかというと、図2.6のようになります。

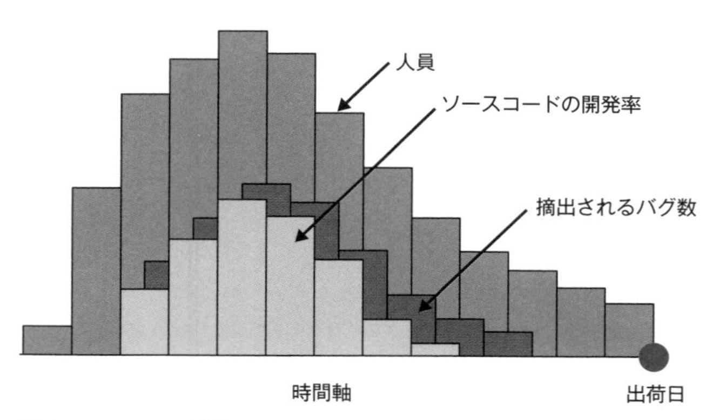

図2.6　レーリー特性3

ぱっと見では、これ（図2.6）とレーリー特性1（図2.4）のグラフの形は変わらないかもしれませんが、実態としてはかなり異なるものです。レーリー特性2（図2.5）の最悪のシナリオが成り立ちません。レーリー特性3（図2.6）では、たとえシステムテストの後半にバグが発見されたとしても、プロジェクト期間内なので、市場バグ発生になりません。Shift Leftによる効果です（図2.7)。

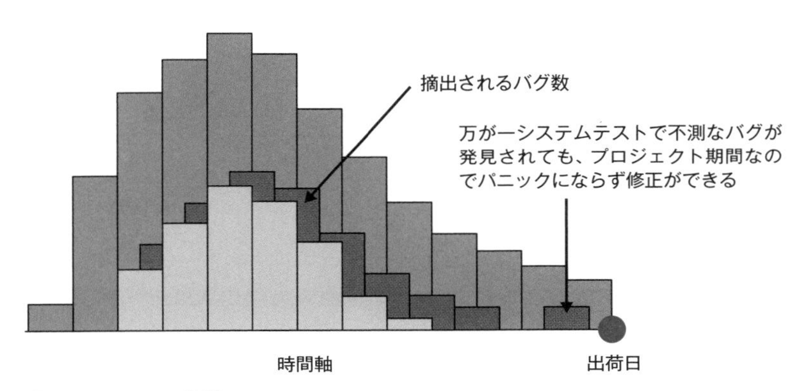

図2.7　レーリー特性4

さらにバグの修正にかかる工数が開発ステージに依存するのは周知の事実です（図2.8)。

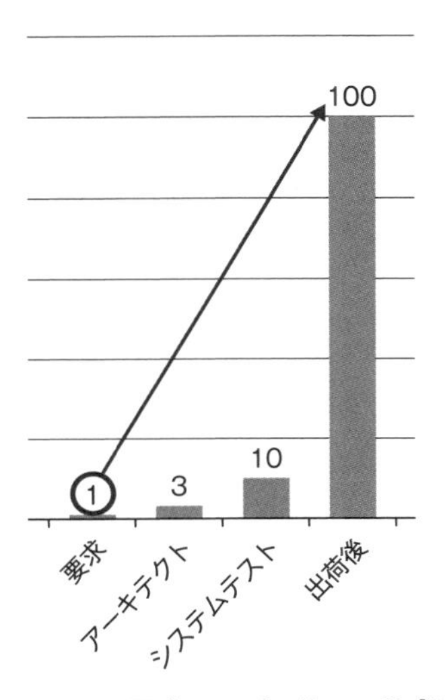

図2.8　要求のバグの修正工数 [KAR14]

図2.8のKarl Wiegersだけではなく、Capers Jonesも開発ステージが1進むと修正工数が倍になると言っています※3。単体テストで見つけられるバグが統合テストで見つかればコストは倍になるといったように。

システムテストに依存したプロジェクトにレーリー特性を当てはめると、ソフトウェアテスト工学的にも、そして統計学的にも、ある確率で出荷後に確実に致命的なバグが発生します。

2.3 まとめ

本章は重要な章なのでまとめを書きます。

理論的に証明されている
上流テストをしない ＝ 出荷後のバグが発生する

- **上流テストをしなければ（もしくはイテレーション内でしっかりしたテストをしなければ）、下流テストをいくらしても大きなリスクを持って出荷することになる**

※3　Capers Jonesが来日した際、一緒に食事をしたときに言っていた。

- **上流テストをしなければ、多くのバグを後半でつぶすことになり、出荷日を優先することにより、ある確率でつぶしきれないバグが残る可能性がある**
- **同じバグを上流工程でつぶす場合と、下流工程でつぶす場合には下流工程での場合にはコストが数倍になる。プログラミングのできないコストの安いテスト担当者をシステムテストフェーズで雇うことのメリットは皆無である。バグ1件当たりの発見・修正コストが高くなる**
- **最終段階の致命的バグ、もしくは出荷後のバグによるプロジェクト混乱コストが一番高いのはプロジェクトに関わる全員がわかるはずである**

上流でテストしないと、致命的な市場バグが発生し、開発コストが余計かかります。筆者は心理学者ではありませんが、あとにくる痛みを忘れようとするのが人間ではないでしょうか？　学生の頃なら、まだ試験まで時間があるから、今日はちょっと遊んじゃおうと思って遊んでしまい、試験前に徹夜をするということも。これでうまくすれば乗り切れるかもしれません。しかし、乗り切れる場合もあるけど、乗り切れない場合もあるのです。

出荷後にバグが出るのはわかっているけど、予算もないし、マネージャーも出荷日や機能実装しか考えが及ばず、出荷後のリスク（バグによる売上低下や、市場バグのコスト）について組織全体で目をつぶっていないでしょうか？

そのようなことにならないように、コストを最小限に抑えつつ、市場でのバグを出さないような手法について、本書で説明していきます。

3

開発者テストの基本の基本

まずは単体テストから説明していきます。おもいっきりテスト手法についての話です。つまらないかもしれませんが、がんばって読んでください。

筆者はコンサルタントとしてどこに行っても、誰に聞いても、

「単体テスト！　もちろんやってます」

と言われます。そして、

筆者「単体テストケースを見せてください」
相手「やってるんだけど、ソースコードには落としてないんです」
筆者「そしたらテストケースだけでも見せてください」
相手「あれ？　単体テストケースどこに保存してあったっけ？」

こんな変な回答が返ってくるのが単体テストの定番です。

また、多くの単体テストを行ってない組織では、もちろん設計書も書いていません。そのような場合、UMLを使って膨大な設計図を書けとは言いませんが、それでも**クラス図とシーケンス図だけは書いてください**と言います。クラス図があれば、ビッグクラスを防ぐことができますし、リファクタリングの効果も見える化できます。これについてはあとの章で詳しく説明します。

いきなり大枠の開発スタイルやテストの本質の説明なしに単体テストから説明しても理解しにくい恐れがあるので、まずはテスト手法の大枠から説明していきます。

ソフトウェア開発時に行うテストの手法リスト

- 単体テスト
- 組み合わせテスト
- 境界値テスト
- 状態遷移テスト
- 探索的テスト
- 統合テスト
- システムテスト

実は、ソフトウェア開発はテストだらけです。いったいどれをやればよいのか？　なんのテストに力を入れて、なにを省けばよいのか？　もちろん全部やったら予算と人員が許しません。

まず上記のリストでは、テスト手法と、ライフサイクルの中で行うテストがぐちゃぐちゃになっているからよくわかりません。マネジメントとしてライフサイクルの中のどこで、どういう適切なテスト手法を適用するかというのは重要な知識です。もしそれを勉強している暇がない場合は、品質の全体の設計ができるコンサルタントと契約するのも悪いアイディアではないでしょう。コンサルタントというと、高いお金を払って継続的に来てもらうイメージが強いですが、「全体の品質計画を見て、適切なテスト手法を選んでもらい、10個ぐらいサンプルのテストケースを書いてもらう」というのがコンサルの賢い使い方です。それぐらいだと1週間程度でできるので、コンサル費用を抑えられます。ただし、ソフトウェアの品質に関わる費用はどんな文献を見ても開発費全体の40%はくだらないので、ある程度テスト戦略的なところにもう少し各社お金をかけてもよいかもしれません。

各テストライフサイクルの中で、適切なテスト手法を組み合わせることは重要です。テストライフサイクル（単体テスト → 統合テスト → システムテスト）の各段階で、適切なテスト手法（境界値テスト・組み合わせテスト・状態遷移テスト）を行う必要があります。

よくあるダメな例が、「単体テストはやってるけど、その単体テストには境界値テストという概念が入っていない」というもの。「ただ単に関数を呼び出して網羅率を図るのが単体テスト」と思っている人がたくさんいます。もっとひどい例だと、「関数を呼び出してエラー処理をassertするだけ」といったケースもあります。

3.1 開発者がこれだけは知っておくべきテスト手法

さて、前節でテスト手法の混乱を紹介しましたが、筆者は単体テストでは以下の3つの手法を理解・実践できれば十分だと考えています※1。

- **境界値テスト**
- **状態遷移テスト**
- **組み合わせテスト**

※1　もちろんさらにつっこんだ技術の取得を目指す方は、筆者の書いた『知識ゼロから学ぶソフトウェアテスト【改訂版】』（ISBN：9784798130606）を読んでいただきたい。

ただし、組み合わせテストは、実践では限定的に使う手法なので、注意深く利用する必要があります（テスト範囲が氷山の一角になりかねないので）。

3.1.1 境界値テスト

まずは、一番重要な境界値テスト※2を紹介していきます。ぶっちゃけて言うと、このテストさえちゃんとやっていれば、80%以上のバグはつぶせるかもしれません。

境界値テストは、文字通り「境界をテストする」テスト手法です。一般に（要求仕様の）境界でバグが出ます。テスト担当者も執拗に境界になる値を入力してバグを出そうとします。プログラムで境界と呼ばれる場所には常にバグが潜んでいるので、境界値の近くは詳しくテストする必要があります。まず次のような要求仕様を考えてみましょう。

サンプル要求仕様

入力 A（1から999までの数が入力可能）
入力 B（1から999までの数が入力可能）
出力 C
A × B = C

※2 読者の中には同値分割テストは？ と思う方がいると思いますが、開発者が同値分割テストを行う必要はない。元々テスト手法の中には境界値テストとか同値分割テストという概念はなく、ドメインテストと言われていた。ある共通ドメインに対してどういう入力をするかという考え方である。if文に入った以降のことは無視していいので、様々なデータのバリエーションはテストケースとして入れる必要はない。

これをプログラムで書くと、以下のようになります。

```
if(a > 0 && a <= 999){
    // 正しい値が入力されたときの処理
}
else{
    // 間違った値が入力されたときの処理
}
```

図3.1でいうと「このへん」と書かれた周辺は分析をしてテストをする必要があります。

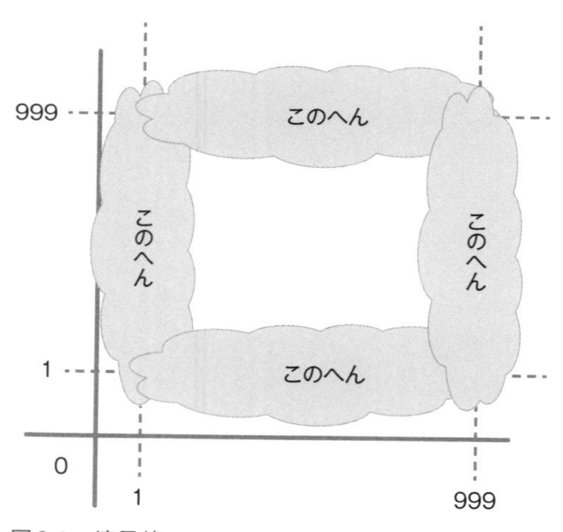

図3.1　境界値

上記のサンプルプログラムで説明すると、1と999の周りの数値は非常にバグになりやすい入力値です。なぜならプログラムは、無効な値と有効な値の間に条件文が必要となり、その文が正しく書けているかをチェックする必要があるからです。

さて最も簡単な例として、以下のような要求仕様があるとします。

要求仕様

1ページ未満の印刷をユーザーが要求した場合にエラーを表示すること。

この場合、4つのタイプのバグが起こり得る可能性があります。

まずは、正しいコードを見てみましょう。

```
if(a >= 1){
    // 印刷処理
}
else{
    // エラー処理
}
```

このケースだと、以下のような4つのコーディングエラーが起こる可能性があります。「こんなエラーなコード書くわけないじゃん！」とおっしゃる開発者もいるかもしれません。しかし、開発者は膨大な数の分岐を日々書いています。プロジェクト期間中、数百数千という分岐を書くこともあるでしょう。それを毎回適切に書くのは逆に不可能だと思いませんか？

タイプ1 >と>=の間違い（閉包関係バグ※3）

たとえば、開発者が「>=」とタイプすべきところを「>」とミスタイプした場合※4。こんなコードはバグになります。

```
if(a > 1){
    // 印刷処理
}
else{
    // エラー処理
}
```

タイプ2 数字の書き間違い、要求仕様の読み違い等々

たとえば、開発者が「1」と書くべきなのに、間違って「2」と書いてしまった場合。こんなコードもバグになります。

```
if(a >= 2){
    // 印刷処理
}
else{
    // エラー処理
}
```

※3　>と>=の間違いを閉包関係バグと呼ぶ。<=と<を間違えた場合も同様。

※4　日本語は難しい。以下と未満がある。以下は「=>」、未満は「>」。わかっちゃいるけど、コーディングで間違える。英語は1 or lowerもしくはlowerのように書くので、文章をそのままコピペすれば間違えないので楽である。

タイプ3 境界がない

これは、開発者が条件文を書くのを忘れてしまった場合（else句がコメントアウトされたまま）。

```
if(a >= 2){
    // 印刷処理
}
/*else{
    // エラー処理
} */
```

タイプ4 余分な境界

これは、余計な境界を開発者が書いてしまった場合。

```
if(a >= 2 && a < 10){
    // 印刷処理
}
else{
    // エラー処理
}
```

上記で書かれている境界値のバグを見つけるためには、境界値をテストする必要があります。なので、4つのバグが見つかるようなテストケースを書き、それが正しい処理をしているかどうかを判断する単体テストを書きます。多くの単体テストは、上記のバグを見つけるためのテストケースになります。

3.1.2 状態遷移テスト

状態遷移テストとは、要は「状態」をモデル化しテストを行おうという手法です。まず状態遷移とは、大きく分けて状態（state）と遷移（transition）によって表現されます。図3.2のように、ある状態から他の状態に移るためには遷移（transition）が発生します。たとえば、あるアプリが起動している状態を状態Aとし、アプリが起動していない状態を状態Bとします。状態Aから状態Bに移るためにはアプリ終了遷移（多くは終了ボタンを押す）を経る必要があります。

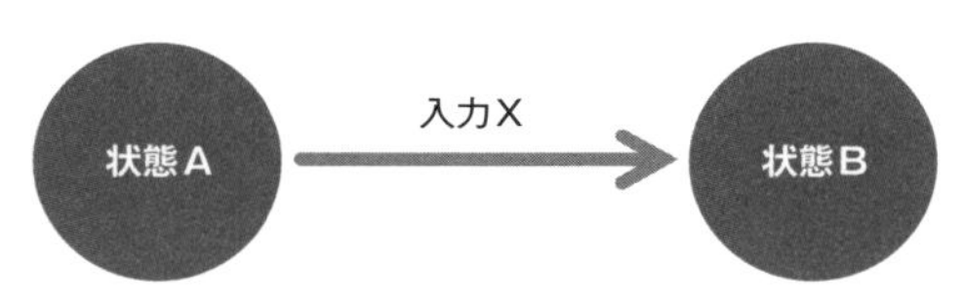

図3.2　状態遷移図

さて、上記が状態遷移の基本ですが、これだけではよくわからないかもしれないので、実際にメモ帳ソフトウェアを使って見てみましょう（図3.3）。

図3.3　メモ帳ソフトウェア

まずここでは、「ファイルを開くダイアログの操作」と「ユーザー入力機能」だけを考えてみます（図3.4）。状態遷移テストでは、**状態遷移マトリックス**を使うのが一般的です。そこで上記の操作を状態遷移マトリックス（表3.1）にまとめてみました。

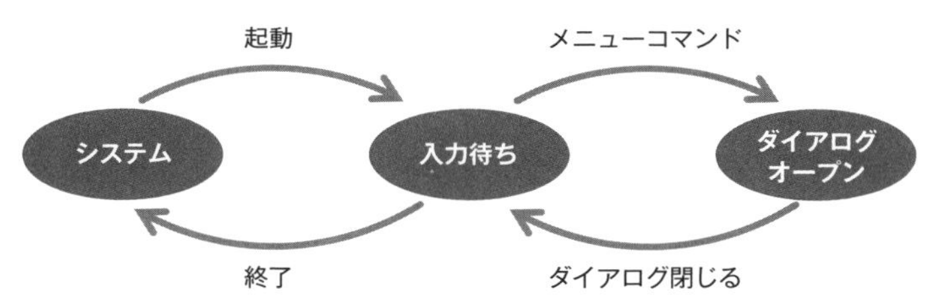

図3.4　メモ帳ソフトウェアの状態遷移

表3.1では、状態（state）とイベント（event：たいていの場合は入力）の組み合わせにより、アプリがどのような状態（state）になるかを示しています。状態遷移テストでは、ソフトウェアがこのマトリックスの項目通りに動作しているかをチェックします。NAは「Not Applicable」の略で、設

表3.1　状態遷移マトリックス

状態（state）／イベント（event）	システム	入力待ち	ダイアログオープン
起動	入力待ち	NA（2つ目のインスタンスが起動しないことを確認）	NA（2つ目のインスタンスが起動しないことを確認）
メニューコマンド	NA	ファイルダイアログオープン	NA
入力	NA	入力待ち	NA
ダイアログ閉じる	NA	NA	入力待ち
アプリケーション終了	NA	システム	NA（終了しないことを確認）

NA（Not Applicable）：適用不可
システム：アプリケーションが起動していない状態

計上ではそのようなイベントは発生しないという意味です。たとえば、ダイアログが表示されているときに文字入力ができてしまうのはバグになります。

状態遷移テストでは、クラスや関数レベルで単体テストが終わったのち、そのクラスがインスタンスになり、他の関数やインスタンスが呼び出されるか等々をチェックします。

状態遷移テストは、システム全体のテストです。そのように考えると、上流テストというより下流テストの範疇に入ることが多いです。しかし、開発者が状態遷移の機能に無頓着で大丈夫かというとそうでもありません。

たとえば、上記の状態遷移マトリックスは、正常の状態遷移だけを考慮したものです。実は、ある状態から（もしくはあるパラメータがセットされないと）次の状態に遷移できないこと、もしくはこの状態から（もしくはあるパラメータがセットされていると）次の状態に遷移できないことを知らせるエラーメッセージを出すなど、状態遷移にまつわるエラー処理や例外処理がたくさんあります。

開発者はそれを**正しく文章化し、テスト担当者に伝える**ことが非常に重要な活動です。さもなければ、自分でテストする必要があります。もしそのどちらかが欠けてしまうと、当然そのまま市場バグにつながります。たいていの場合、多くの組織は状態遷移しないエラー処理について要求仕様に書きませんし、書かないような組織は開発者自身がテストすることもありません。そんな状態では、詳細な状態遷移の情報がテスト担当者に伝わるわけがありません。

4

コードベースの単体テスト

単体テスト（英語で言えばunit test）の定義の迷走の歴史は長い。まず1970年の「Managing the Development of Large Software Systems」という論文にさかのぼります（図4.1）。

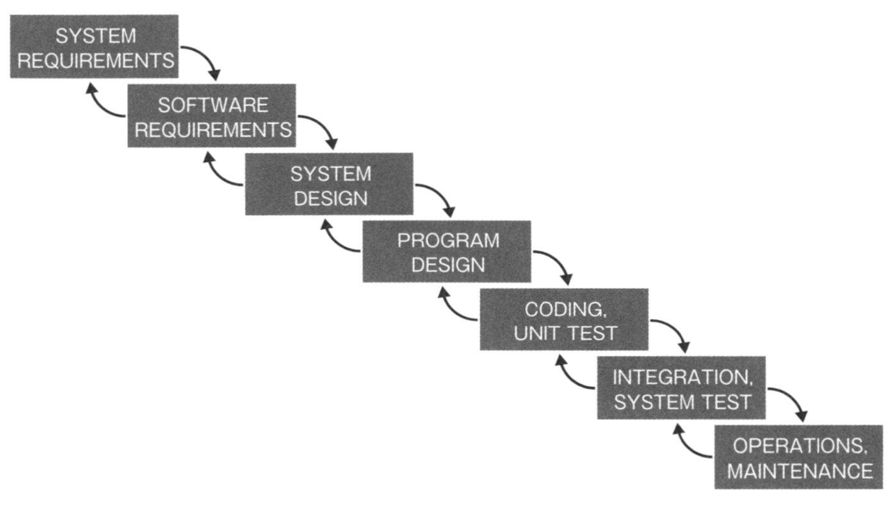

図4.1　オリジナルのフォルモデルソフトウェア

ここで言うコーディングと単体テスト（CODING, UNIT TEST）が単体テストになります。しかし日本で仕事をしていると、単機能のテスト（プリントできまっせ、URLジャンプしまっせなど）も単体テストと言われるケースがあります。実はソフトウェア開発において用語の定義は非常に重要なので、開発をスタートする前に単体テストは**コードに対する確からしさを確認するテスト**なのか、あるいは**単機能に対するテスト**なのかを明確にしたほうがよいでしょう。

4.1 コードベースの単体テストとは

「コードベースの単体テスト」は聞き慣れない用語かもしれませんが、本書ではこの用語を使って説明していきます。

実は、「単体テスト」には厳密な定義がなく、ISTQB（https://www.istqb.org/）の用語集にもありません。いや、昔はありましたが、今はありません。それほどあいまいな用語であり、いつもISTQBなど会議でもめていました。

コードベースの単体テストを厳密に言えば、**関数の網羅率を計測しロジックの確からしさを確認するホワイトボックステスト**になります。本章では、これを**コードベースの単体テスト**と呼びながら進めていきます。

コードベースの単体テストは、厳密なソフトウェア品質を求められる自動車や医療のソフトウェアでは確実に行われなければならないテストであり、ISOなどで行うことがルール化されています。少しその基本的なところを見ていきましょう。

単体テスト（コードベース）は、以下のことをチェックします。

- **プログラムを実行する中で、システム上異常な振る舞いを行わない（null pointer、0による除算など）**
- **入力値とそれに対応する期待値を出力すること**
- **すべての分岐が正しく処理されること（境界値テスト）**

4.2 命令網羅（C0カバレッジ）

命令網羅テストまたはC0網羅と呼ばれる、網羅（テスト網羅性の水準）を説明します。

実は、命令網羅はあまり意味のあるテストとは言えません。極論を言えば、役に立ちません[BEI90]。なぜなら境界値テストがちゃんとなされているか否かが計測できないからです。しかし、網羅率ツールが命令網羅しかサポートしてなかったり、テスト手法として紹介されたりしているので、今回は短く説明します。たとえば、以下のようなコードがあったとします。

```
if(con1 == 0){
  x = x + 1;
}
if(con2 > 1){
  x = x * 2;
}
```

＜テスト基準＞

テストで少なくとも1回はプログラムのすべての命令文（ステート）を実行する。

そうすると図4.1のすべての四角を通るパスをテストしますが、これだと水色矢印の部分を通るテストが抜けます（図4.2）。

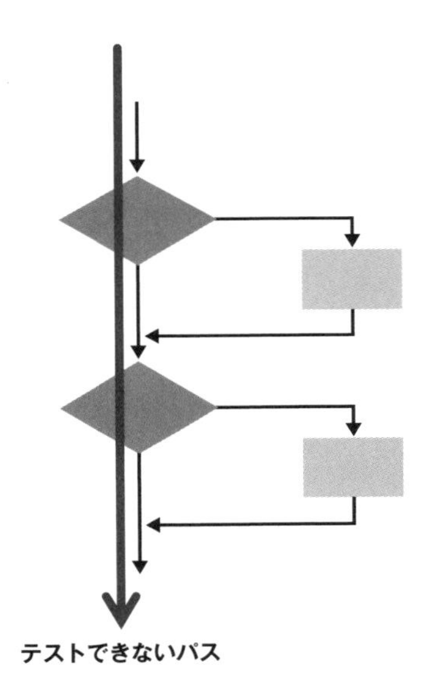

図4.2 命令網羅の抜け

はい、そうです。これが命令網羅は不完全なテストと言われるゆえんだったりします。なので、次の節で出てくる分岐網羅をしなければいけません。しかし多くの組織でいまだ命令網羅で単体テストを達成しようとしています。命令網羅だけでは先に挙げた、

- **すべての分岐が正しく処理されること（境界値テスト）**

が達成されません、コードの単体テストは労力のかかる仕事です、中途半端な命令網羅はせずに**しっかり分岐網羅をする**ことをおすすめします。

4.3 分岐網羅（C1カバレッジ）

分岐網羅またはC1網羅と呼ばれるテストがあります、これはC0網羅の問題を解決する網羅手法です、ほとんどのケースでは、この網羅手法で単体テストを行ったほうがよいでしょう。

分岐網羅

それぞれの判定条件がTRUE、FALSEの結果を、少なくとも1回ずつ持つようテストケースを書きます。

先のプログラム例では、

```
テストケース1 ：con1 = 0, con2 = 2
テストケース2 ：con1 = 1, con2 = 0
```

という2つのパターンのデータでテストすれば、テストが完了になります(図4.3)。

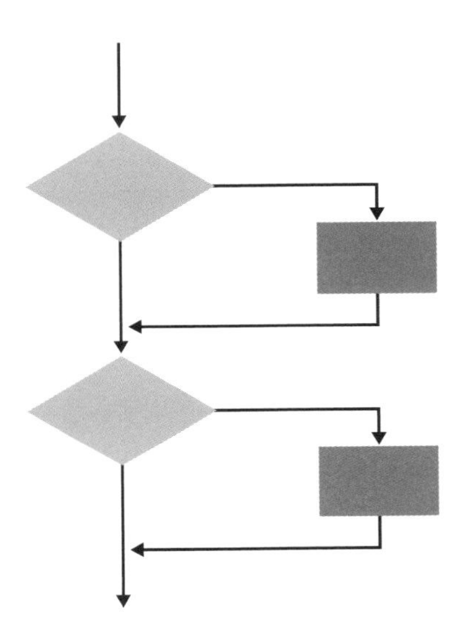

図4.3　分岐網羅

4.4 よくある単体テストの間違い――コードベースの単体テスト

前節での単体テストの網羅の考えはググれば書いてありますし、セミナーなどで説明するオーソドックスな考えなので疑う余地はありません。たいていの場合は、

「あー、そうなんだー、分岐網羅をしなきゃね」

という感じで理解していただけたと考えます。ところが、これが現場に展開されると、

網羅性さえ気を付ければいいんだ！

という考えになってしまいます。「おいおいそんなこと言ってないよ」と思ったものの、たいていの書籍やWebページの情報には、親切に**関数のin/outをチェックすること**、**関数の責務が達成されてることも同時に注意しましょう**なんてことは書かれていません。

上記のような簡単な例ならよいのですが、一般にソースコードは巨大で各関数も数百行になり、何らかの計算結果を戻す処理をしたり、出力処理をしたり、計算処理をしたりします（図4.4）。なので、網羅することは**品質基準**であり、目的は**単体レベルの処理機能のバグをなくす**ことです。

図4.4　入出力処理

入力値のパターンを100%網羅するようにし、それに対する期待処理が正しいかチェックすることが効果的な単体テストです。しかし、たびたび**メンドウだと言って、期待処理を確認せずにコードが網羅されていることに満足しています**（ただ単に網羅率を上げるためだけの入力値を入れているだけ。それは非常にまれなる偶然ではなく、複数の組織でそういう状態に陥っていることを筆者は実見しました）。そして、次のフェーズである統合テストで、本来は単体テストで見つけるべきバグを発見し、品質担保で苦しんでいる組織が多いのではないのでしょうか？　コードベースの単体テストは、**ほとんどのバグを見つけられる**（私見では80%以上のバグを見つけられる）テスト手法です。しっかりテストをすることにより、後工程でのバグの数は著しく減るので、**分岐網羅により多くのテスト工数を割く**ことをおすすめします。

4.5 知っているようで知らないコードベースの単体テストの書き方

ときどき、日本人ほど単体テストが嫌いな人種はいないんじゃないかと考えます。Microsoftでも、当然のように皆ちゃんと単体テストをやっていました。なんで嫌いなんでしょう？　自分の書いたソースコードに自信があるのかな？　もしくは、生産性を低くして残業代をもらいたいのでしょうか？　もしくは、夜遅くまで非効率なデバッグをやってることを上司に見せたいのでしょうか？

Kent Beckだって

> **プログラミングとテストを両方行うほうが、プログラミングだけよりも早くソフトウェア開発を完成できる**
>
> Kent Beck

と言っています。

世の中には、便利なテスト駆動開発というものがあります。有名なのでご存じの方も多いと思いますし、アジャイル開発と非常に融合性が高いので、これを用いることを本書では推奨します。もちろん、この手法はウォーターフォールモデルでも適用できます（というより、現代のスピード感を持った開発にはこのやり方は必須です）。定義としては、次の通り。

- **実際のソースコードを書き始める前にテストケースを書く**
- **すべてのテストコードは自動化する**
- **バグはすぐに修正する**
- **プロのテスト担当者を入れる** [LAR04]

4.5.1 一般的なテスト方法（TDD）

まず一般論的なテストの方法を説明します。ゼロから関数を書くやり方です。

Kent Beck [BEC02] 的なTest-Driven Development（TDD）を使って説明

をします。TDDは、日本語ではテスト駆動開発です。テストコードを先に書いてそれから、中身（処理）を書きます。日本では、処理を書いてからテストを書く人たちばかりなので、まあ一般的な順番とは逆ですね。間違ってマネージャーに「テストをしてから、プログラムを書きます」と言ったら、マネージャーから「こいつなに言ってんの？」という目で見られるでしょうけど……。

まずTDDのステップは、以下のようになります。

- **赤：失敗するテストを書く**
- **緑：テストに通るような最小限のコードを書く**
- **リファクタリング**※1

上記の3つを図4.5のように繰り返していきます。ちゃんと繰り返していけば、テストケースが積み上がり、それがJenkinsやCircleCIで常にビルドされるようになり、安心して開発ができます。もちろん、ドラスティックに開発期間中の品質が改善します。

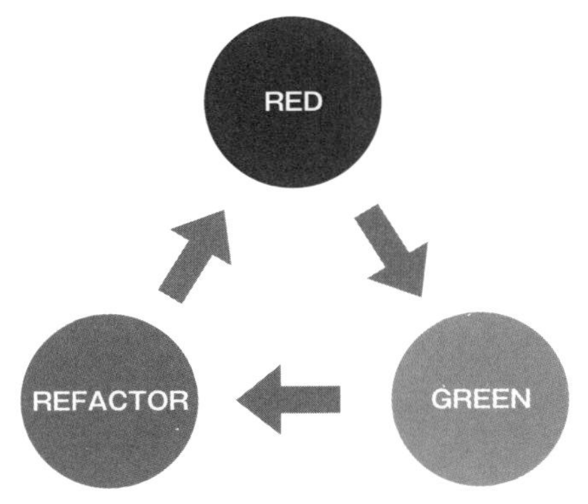

図4.5　赤・緑・リファクタリングのサイクル

※1　本章でのリファクタリングは、第7章「リファクタリング」で出てくるリファクタリングとは性質が異なる。TDDの場合、「スピードを重視した実装コードから一般的なコーディングお作法に直す」という意味なので、厳密な意味ではリファクタリングと言いたくない。しかし、超著名なKent Beckの定義したものなので、本書ではそのままリファクタリングという用語を使用する。

まず赤では、失敗するテストを書きます。リスト4.1は非常に簡単なソースコードです。a + b = cという計算をするもので、この計算を単体テストします。もちろん計算ルーチンは入ってないので（便宜上コメントアウトしてあります）、テスト結果はfailとなります。

リスト4.1　失敗ソース

```
public int plus(int a, int b) {
    int c = 9999;
    // c = a + b;
    return c;
}
```

よりイメージしやすいように、実際のAndroid Studioでのテストコードを見てみると、リスト4.2のようなソースコードになります。

リスト4.2　テストコード

```
public class CalcTest1 {
    private calc mcalc;
    @Test
    public void plus() {
        mcalc = new calc();
        assertEquals(3, mcalc.plus(2,1), 0);
    }
```

テストコードでは'2'と'1'を引数として渡して、ちゃんと3が返ってくるかをチェックしています。よりイメージしやすいように見てみると、Android Studioでは図4.6のようにテスト失敗（もちろん期待通り）になります。期待するべきものが3に対して、9999が返り値ですよと。

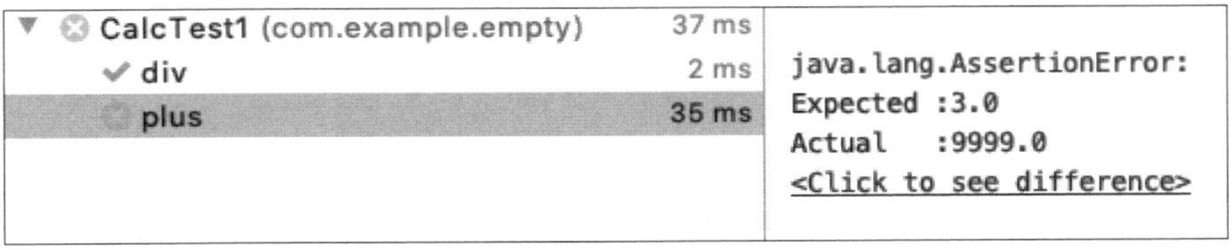

CalcTest1 (com.example.empty) 37 ms
div 2 ms
plus 35 ms

java.lang.AssertionError:
Expected :3.0
Actual :9999.0
<Click to see difference>

図4.6 テスト結果（失敗）

次に、緑（Green）にするため、正しい処理を入れます。コメントアウトを外してみます。

リスト4.3 正しいソースにしてみる

```
public int plus(int a, int b) {
    int c = 9999;
    c = a + b;
    return c;
}
```

そうすると、Android Studioでは図4.7のようなテスト結果が表示されます。まあなんかそっけない感じで。

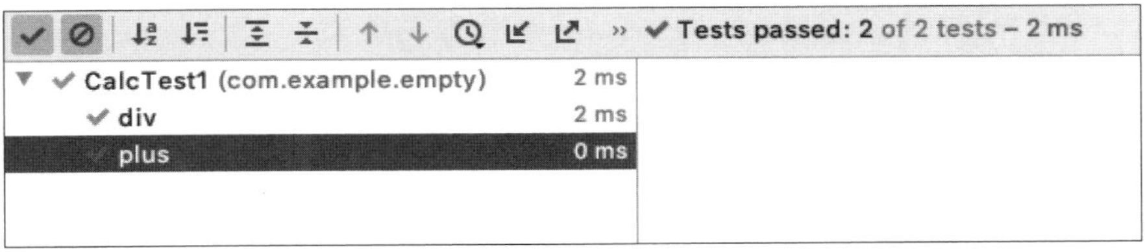

Tests passed: 2 of 2 tests – 2 ms
CalcTest1 (com.example.empty) 2 ms
div 2 ms
plus 0 ms

図4.7 正しいソースにしてみる（成功）

簡単ですね、誰でもできます。本書を読んで、「なんだ単体テスト簡単ではないか！　うちのチームでもさっそく導入しよう！」と思う課長がいるかどうかわかりませんが、現実問題としては単体テストはかなり難しいと言わざるを得ません。なぜなら、**ゼロからコードを書くことが少ないから**です。多くの組織では、長い間しょってきたレガシーのソースコードに改変を加えます。レガシーコードのリファクタリングについてはあとの章で述べますが、基本的に単体テストをちゃんと積み上げたチームには毎日以下のようなご褒美があると筆者は信じています。

- ☑ **単体テストケースが十分なので、なにかあったらすぐに問題がわかります。**
- ☑ **週40時間労働で元気一杯なので、多少後ろ向きな作業でも前向きにできます。**
- ☑ **たとえリファクタリングで他の人の部分が動かなくなっても、短いサイクルでビルド・テストを繰り返すため、バグを埋め込んでもすぐに発見され、軽く「ごめん」と言えば許してくれます。**

またRobert Martinによれば [MAR04]、

> **テストを最初に書くことは、ソフトウェアを呼び出しやすい形式に設計することにつながるのだ**
>
> Robert C. Martin

インターフェースを明確に保つことはプログラミングにとって重要です。関数を呼び出すときに、その引数だけを明確にするのではなく、依存する前提条件や依存する関数をより明確にすれば自分だけではなく、そのクラスやAPIを使う人にとっても有益な情報になります。

4.6 網羅率——コードベースの単体テストの成否を計測する

単体テスト網羅率をどれくらいにするか——コンサルタントをしていて、よくたずねられる質問です。自動車などのミッションクリティカルなソフトウェアの場合は、**100%**と自信を持って答えます。しかし、ミッションクリティカル以外のソフトウェアでも、十分なコードベースでの単体テストを行うことは、後半工程のバグを減らし、ソフトウェア品質の向上に十分役に立ちます。その場合、筆者は自信を持って**80%**と言い切ってしまいます。実際は言い切れないのですがw。

筆者は、数十年にわたるテスト関連の論文は目を通しています。しかし、まっとうな論文には、その網羅率のゴールは書いてありません。もちろん、ISOやIEEEの規格にも書いてありません。なぜなら、それを書いて致命的なバグが出ると責任を取らなければならないからです。

なぜ筆者は80%を主張するかと言うと、**ソースコードの20%程度はエラーハンドリングの処理なので、そこまで単体テストで網羅する必要がないだろう**と考えているからです。実際にBoris Beizerという著名なテスト学者もそう言っています（彼の本にはもちろん書いてありませんが、カンファレンスの質問でそう答えていました）。

ちょっと古いデータになりますが、Hewlett Packard社のコード網羅率のデータがあります（図4.8）[GRA93]。コードの網羅率を計測しないと、自分たちの単体テストでコード網羅率を上げる努力が、本当に実のある努力なのかがなかなか確認できません。自分たちの労力の50%をつぎ込んだ単体テストが、実際は全体のソースコードの20%しかテストしてない場合もあるからです。

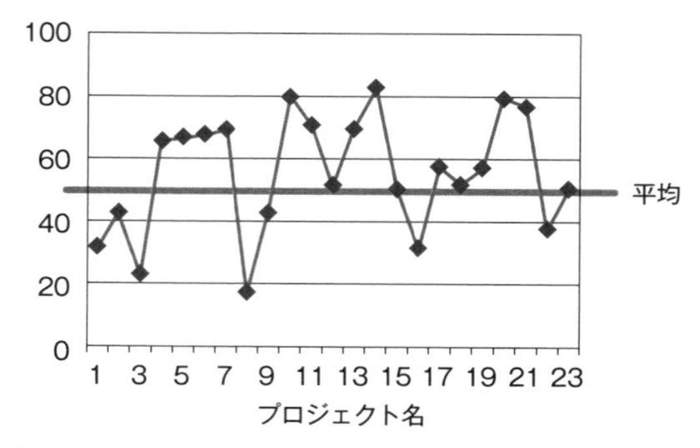

図4.8　Hewlett Packard社におけるコード網羅率の例

図4.9はMotorola社のXPプロジェクトでのコード網羅率で、平均は84%です。こんな感じの高いコード網羅率を実現できれば「すごい！」につきます。

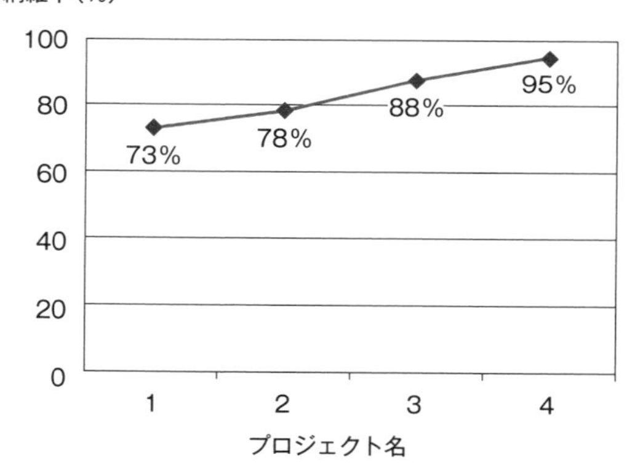

図4.9　Motorola社におけるコード網羅率の例

さて、新しいところでいうと、Googleのコード網羅率のデータです(図4.10)。Hotspot※2的アプローチかと思いきや、ちゃんと網羅率は担保しています。ほとんどのプロジェクトで70%をオーバーしています。

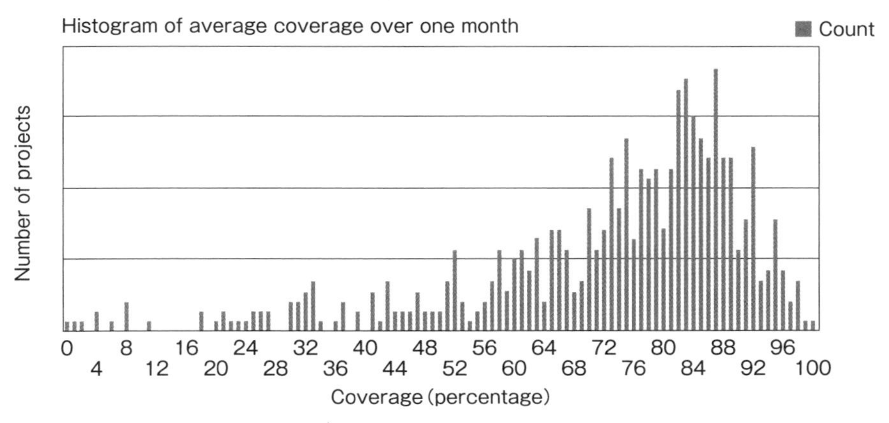

図4.10　Googleにおけるコード網羅率の例

Googleは内部ガイドラインがあるらしく[GOO20]、

- **網羅率60%：許容範囲（acceptable）**
- **網羅率75%：推奨（commendable）**
- **網羅率90%：模範的（exemplary）**

だそうです。とてもリーゾナブル（合理的）な基準です。Googleには、いくつか興味深い基準があります。

※2　Hotspot手法については次章で説明する。

- ☑ 低いコード網羅は大きいエリアがテストされていない。
  (Low code coverage number does guarantee that large areas of the product are going completely untested.)
- ☑ 高いコード網羅だからって品質が高いわけじゃない。もし高品質を確認したい場合はMutation Test※3を使うのも手です。
  (A high code coverage percentage does not guarantee high quality in the test coverage.)
- ☑ よく変更されるコードは網羅されるべき。
  (Make sure that frequently changing code is covered.)
- ☑ レガシーコードの網羅率をほっとくのはいいけど、でも少し網羅率を上げていきましょう。
  You can adopt the 'boy-scout rule' (leave the campground cleaner than you found it).

まあ誘導尋問のようになってしまいますが、Googleとあなたの組織のおかれた状況はそれほど変わるものではありません。Googleにしろ、レガシーコードを網羅するのは困難だと感じています。1かゼロかという判断ではなく、そこは大人の判断でだんだんと網羅率を上げていくのは悪くないアイディアです。しかし、日本の多くの会社は、1かゼロの判断のときにゼロのほうに行ってしまうことが多い気がします。そう「臭いものにはふたをしてしまおう」です。それが期待値を計測しない、車や医療のコード網羅率だったりするのかもしれません。

※3 Mutation Test (Mutation Testing)：諸説あるようだが、mutant (変異、バグありコード) をコードにわざと埋め込み、そのバグを既存の単体テストが発見できるかを確認する、単体テスト自体の品質を確認する手法。

5

単体テストの効率化 ——楽勝単体テスト

筆者が品質コンサルに入るときは、まずコードの中身を見ます。そして単体テストをやっているか否かのインタビューをします。インタビューをする場合、99%以上[※1]は以下のようなストーリーが展開されます。コンサル（筆者）と開発リーダー（相手）の会話です。

筆者「品質が悪く、スケジュールが常に遅れていると聞いてますが」
相手「はい、ちゃんとやってるつもりなのですが、常に後半の工程でバグが多発してしまいます」
筆者「まずはコード見せてください、単体テスト書いてますか？」
相手「はい、書いてます！」（自信ありげ）
筆者「なにか単体テストの基準みたいなものはありますか？　なんでもいいです、Wikiに書いた走り書きみたいなものでも」
相手「この計画文書になります」
筆者「ほー、開発されたコードはすべて単体テストで網羅となってますね。素晴らしいです。それじゃ、単体テストのソースコードを見せてもらえますか？」
相手「ちょっと担当者に聞いてみます」

上司の開発担当者のところへ行く。そして、戻ってきて、

相手「単体テストは正式コードではないので、開発者はチェックインしてないそうです」
筆者「そうですか、残念です。そしたら開発の主担当のハードディス

※1　言い過ぎと思うかもしれないが、体感的にはこんな感じ。品質が改善しない組織というのは驚くほど似た組織である。

クにある単体テストのコードをサーバーにコピーしていただけますか？」
相手「はい……」

またかよー、という感じで開発者のところに行く。そして、戻ってきて、

相手「単体テストのソースは残してないそうです……」

またいつものパターンかよ？　と嫌気がさしてきて最終決着の言葉を吐く。

筆者「それではきっと、開発者はデバッガーなどでコードが通っているかチェックしているのですよね？」
相手「そうみたいです……」
筆者「それだと先ほど提示いただいた文書のように、書いたソースのすべてが網羅できているか確認できないですよね？」
相手「……」
筆者「……」

空気が凍ってしまった。当然、その横には部長が座っている。仕方がないので助け舟を出す。

筆者「まあどこの組織でもこんなものですよ（ほんと）。まずきっと単体テストをどう書いて、どう組織としてその品質を担保するかということがわからないんですよね。レガシーコードもたくさんあるし。多量のソースコードをどう効率的に網羅的にテストしていくかを一緒に考えましょう」
相手（少し笑顔に）

コンサルタントに入ると、常にこんな会話がなされます。でも、しょうがないんですよね。単体テストを教科書的にすると膨大な単体テストを強いられ、その結果として、単体テストをやっているようにみかけをごまかすしかないんです。

筆者からすると品質関連の多くの書籍は、ほとんどの組織で実施するには著しく困難な単体テストのやり方を書いているようにしか見えません。

そんなエンジニアや組織のために、新しい（それほど新しくないけど）手法を説明していこうと思います。網羅率もすべてのコードに対して計測する必要はありません。2：8の法則（パレートの法則）の2の部分だけ計測すればよいのです。

5.1 コードの複雑度

次節から「ソースコードの複雑度」という言葉が出てくるので、複雑度について説明します。ただし、ちょっと乱暴な言い方ですが、「こんな感じなのね！」のような軽い気持ちで読み飛ばしていただいてけっこうです。要は、

- **複雑度が高い=ifとかswitch文がたくさんある**
- **複雑度が低い=ifとかswitch文が少ない**

と認識いただければと。

複雑度は、その数値によりソフトウェアのメインテナンス性が測れると言われ、複雑度が高ければメインテナンス性が低く、複雑度が低ければメインテナンス性が高いことになります。

余談ですが、複雑度が考案されたのは1970年[MCC76]というけっこう昔で、そのときは単体テスト数を数える方法として提案されました。そうです、複雑度を下げることは単体テスト数を減らすことなので、非常に重要な指標なのです。

```
C（複雑度）= e - n + 2
```

e：プログラムに含まれるルートの数
n：プログラムに含まれる分岐点の数

リスト5.1のプログラムを使って例を1つ示してみましょう。

リスト5.1　複雑度の例

```
func1( )
{
  if(i > 0)
  {
    switch(n)
    {
      case 0:
        // do something
      case 1:
        // do something
```

```
      case 3:
        // do something
      default:
        // do something

    }
  }
  else{
    printf( “Hello !” );
  }
}
```

このプログラムのノードとルートを図示すると、図5.1のようになります。

C（複雑度）＝
　e－n＋2＝9－6＋2＝5

したがって、複雑度は5になるということです。

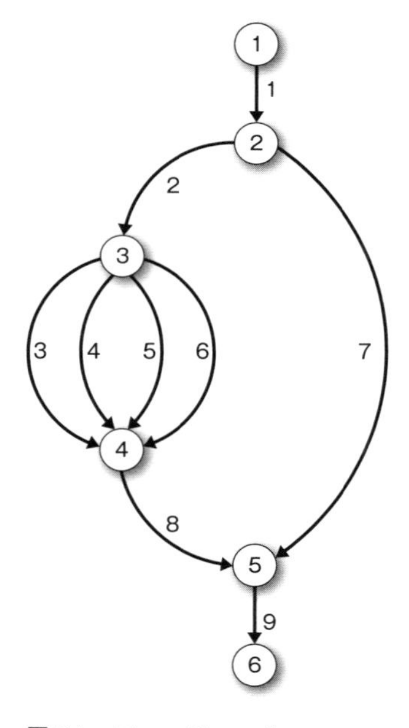

図5.1　フローチャート

5.2 どこを単体テストすればよいか？――単体テストやってる暇ありませんという人のために

この節は、**単体テストをやってる時間はありません**と言ってしまうエンジニアのためのものです。筆者が品質コンサルタントとして呼ばれたとき、よくあるのが次のようなストーリーです。

> 相手「品質が悪いのでどうにかしてください」
> 筆者「そうですね、単体テストで上流品質を担保しない限り、市場バグは減らないですね！」

ということで、現場のマネージャーは、部下のエンジニアに「単体テストをやって」と言います。そして、3か月後にまたその会社に行くと、単体テストをやった形跡はありません。そこで、その会社のマネジメント層と再度話すと、

> 相手「いやー、エンジニアたちは出荷間際で忙しくてそれどころではなかったです。この出荷が終われば単体テストに時間を割きます」

でも出荷が終わっても、このような組織は単体テストを書きません。

当然のことです。現場はやれ会議資料の作成だ、やれバグ修正だと疲弊しています。そこにさらに膨大な単体テストの業務を追加する余裕などこ

れっぽっちもありません。それが日本の現実であり、このようなソフトウェアの開発現場はいつまでもブラックな状態から抜けきれません。

本書で書くべき話題ではありませんが、ソフトウェア開発の現場の非効率さの問題もあるものの、マネジメント単独の問題も多々あります。ソフトウェアの品質が100%ということはまずありません。特に、現代のソフトウェアは20年前に比べて複雑になっています。それなのに「バグをゼロにしろ」と今でも言っている会社が日本にはあります。バグはゼロにはなりませんし、ソフトウェアはハングアップします。バグもハングアップもユーザーにとってはちょっとイラッとするものの、そのソフトウェアがユーザーが望む機能を十分に提供してさえいれば、それほど腹を立てることもありません。しかし、重箱の隅をつつくテストをしたり、その小さなバグを修正したりするので、エンジニアの現場が疲弊してしまいます。

疲弊を招くもう1つの例としては、たとえば市場で出たバグの再発防止の8割は「レビューをしっかりしましょう」もしくは「テストケースを追加しましょう」であることです。**改善とは、今ある仕事を効率的にし（残業時間を減らし）、かつ品質を上げることです。**今ある仕事も減らさず、さらにタスクを追加するというのは、ソフトウェア開発では改善とは言わないと筆者は強く信じます。

以降では、効率的な単体テストをし、今ある仕事を減らし、さらに品質を上げるという方向性を示していきます。

5.2.1 単体テストのやる箇所を絞る

古くから2：8の法則の正当性が言われてきました（図5.2）。ソフトウェアの2割の部分から8割のバグが出ると。品質の研究者だけでなく、現場のエンジニアも含め、そうなんじゃないかなー、って思っていたわけです。しかし、学術的エビデンスや、実際どうやって2割を選ぶのかという方法論が確立されていませんでした。コードの複雑度が高い2割に8割のバグが含まれるのではないかと研究する人もいましたが、複雑度はたいていソースコード行数と比例するため、複雑度が高いとはいえ、それが統計的優位性を持ってバグが偏在しているという事実は認められませんでした※2。

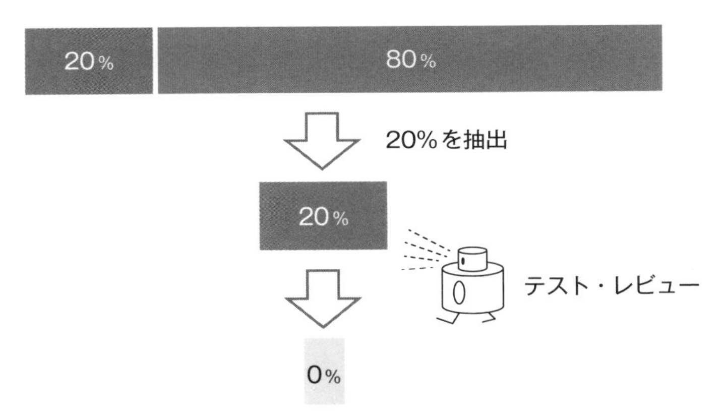

図5.2　2：8の法則

しかし、最近（と言ってもここ10年で）どこからバグが出るかがわかってきました。実はソフトウェア構造ではなく、「あるファイルが一定期間に特に直近何回変更されたか、その回数が多いファイルからバグが出る」とのことです。品質の研究者としてはけっこうビックリな結果で、個人的には大発見だと思っています。

※2　1つだけ論文があるが、博士課程の学生の論文程度のものなので無視してしまうことにする。

論文が発表されてから、その派生論文がたくさん出ましたが、総括すると**ほとんどのバグはソースコードファイルの10%~20%から出る**ということです。

コードの20%を網羅してちょちょっと探索的テストをすれば、テストは終わり！　遊びに行こう！

その20%を抽出する計算式は色々ありますが、基本的な考え方は、

- **直近の変更回数に重みをつけ、過去に変更されたファイルはそれほど重みをつけない**

となります。これを図示したものが図5.3です。

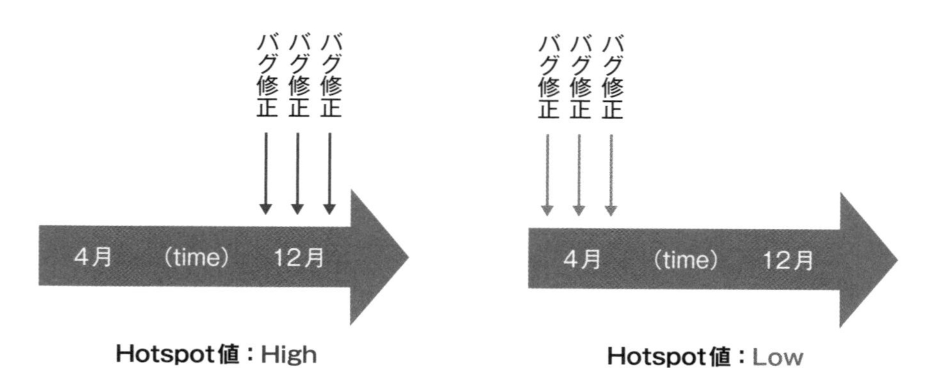

図5.3　Hotspotの考え方

バグの出やすさを数値化したものをHotspotと呼びます。Hotspotの値の高いファイルからバグが出るという定義になります。

以下のような計算式からHotspot値を求めます。計算式の中身を理解できなくても、**なんとなく値が出てきて、その値が高いとソースをチェックしたりする**ぐらいのゆるい理解で問題ありません。

$$\text{Score} = \sum_{i=0}^{n} \frac{1}{1 + e - 12ti + 12}$$

5.2.2 筆者の独自手法――ファイルを２つにぶった切る

オーソドックスな方法だとファイルの変更回数だけを考慮しますが、筆者は単体テストを行う優先順位の指標として**ファイル行数の長さ**※3を加えます。**直近の変更回数とファイル行数が長いものから単体テストを行っていけばよい**という考え方です。実際にファイル行数の長さは2番目にバグ密度と相関関係があると言われています。

ただし筆者としてはそのやり方だと物足らないので、もう1つ**複雑度**というひねりを加えます。複雑度とコード行数との相関関係は、実は複雑度とバグ密度よりもあります。ファイル単位（関数単位ではない）での複雑度の総数はある意味、ファイル行数の長さと等価と考えられます。

たとえば表5.1のような表を作って、総複雑度（ファイル全体の複雑度の総数）とHotspotの値を明確にします。

※3　LOC（Line of Code）の量（ファイル内のコード行数）。

表5.1　総複雑度とHotspot

	総複雑度	Hotspot
file1.java	102	33
file2.java	35	29
file3.java	**172**	**80**
file4.java	30	78

一目でfile3.javaがなんか危ないなというのがわかります。複雑度も高いし、Hotspot値も高い。でも、よくよく見るとなんかfile4.javaもなんか変です。複雑度が低い割にHotspot値が高い。まあ、こういうファイルは、中身を自分の目で見るしかありません。たとえば定義ファイルで、皆がその初期値を見ながら変更しているというのは安心なパターンですが、簡単な構造なのになぜか変更回数が多い場合があります。そこはケースバイケースなので、無視してよい場合もありますし、その変更が複雑度以外のコード自身の欠陥によるバグを発生させている場合もあります。後者の場合は、もちろん何らかのアクションが必要になります。この判断をするために、筆者は図5.4のような図をプロットするようにしています。

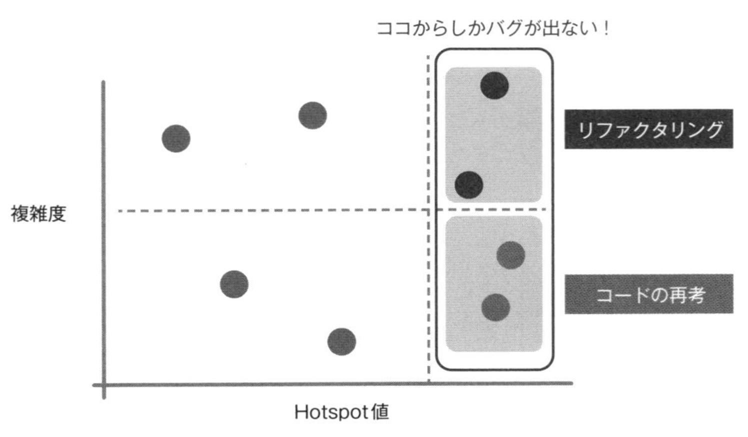

図5.4　コード分析とアクション

図5.4の「リファクタリング」エリアは、シンプルにリファクタリングをすればよいでしょう。リファクタリングに関してはあとの章で詳しく説明しますが、「リファクタリングする時間がないんですよねー」とうだうだ言っているエンジニアに対しては、**まずはファイルを2つにぶった切ってください**などと乱暴なコンサルをしたりします。

実際、ファイルを2つにぶった切るだけで、かなり品質の向上を感じることができます。コードの長いファイルは、先に説明したようにビッグクラスだったり、きれいな構造にできず、どこにも行き場のない関数群のゴミ捨て場だったりします。開発者自身ももちろん、そんなファイルがあることに納得していないものの、心に余裕がなく、うまく整理できない関数群であるケースが多いでしょう。それを2つにぶった切るということは、開発者に気づきのチャンスを与えることになるケースが多いのです。開発者は乱暴に2つにぶった切るだけではなく、たいていの場合、プログラム全体をきれいにしたりもします。

5.2.3 明確なメリット

前項で説明した手法は、いくぶんテクニックが必要なやり方です。コード網羅率などのメトリックスを測らなければならないですし、単体テストが必要なファイルや不必要なファイルの切り分けといった高度な作業が必要になるかもしれません。場合によってはコードの読み書きができるコンサルタントが必要になり、余計なコストがかかるかもしれません。しかし、その余計なコストを大きく上回るメリットがあります。

一般的に組織は、単体テストをやらず、大きなコストをシステムテストにつぎ込んでいます。しかし、本手法を適用すれば、1/5程度の単体テストのコストで、大きくシステムテストを減らし、さらに市場に出てからの不具合を削減できます（図5.5）。膨大なシステムテストを探索的テストで減らす方法については、第11章で述べます。

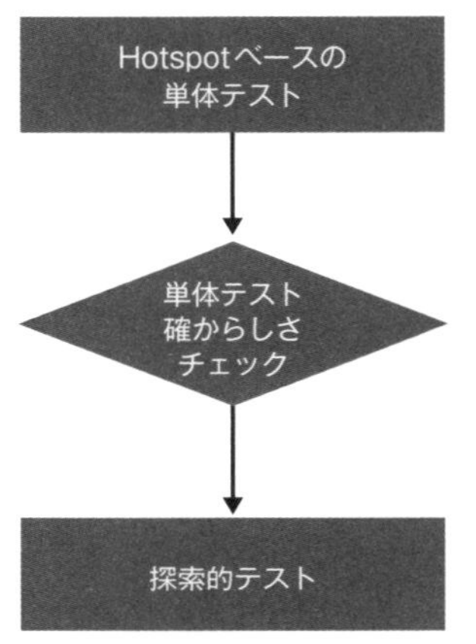

図5.5　下流テスト費用の削減例

✱Column

単体テストに潜む闇

数少ない顧客や、友達をなくしそうなので、あまり書きたくありませんが……。単体テストを必須とする業界標準や製品は多いです。医療・自動車など様々な重要インフラや、人の生死に関わるソフトウェアなどで、実はあまりちゃんと単体テストをやっていない例が日本では一定数あります。さすがにアメリカやヨーロッパではそういった事例はあまり見ませんが、日本の現場にはけっこうあるのです。まあそのことは先の章で説明しましたが、このコラムではもう少しダークサイドの例に触れます。

仕事柄、多くの品質の良否が人命への影響や大きな損害を与えるプロジェクトのコンサルタントをしています。そういったプロジェクトの場合は、単体テストは必須です。もちろん人命・損害は関係ない、無料のAndroidアプリ開発の場合は、ちゃんと単体テストをする必要はありません。開発スピードや実際の開発コストを考えるとやったほうがよいですが、やらなくてもハングアップしたり、アプリをダウンロードしなければよいだけなので致命的な実害はありません。しかし、重要なインフラや生死に結びつくようなソフトウェアは……。

たとえば、次のような会話をしたのは1回や2回ではありません。

「このソフトウェアはインフラの一部なので、ちゃんと単体テストしませんか？」
「病院でこのソフト止まっちゃまずいですよね？　ちゃんと単体テストしましょうよ！」
「え、このソフト止まったら、車の制御まずいですよね？　ちゃんと単体テストしましょうよ！」

とコンサルの領域を超えて、顧客に指南することが多いのです。これは老婆心で言っているのではなく、採算度外視の本心で言ってたりします。だって致命的に困るでしょう。

もちろん、そういったミッションクリティカルなソフトウェアや、インフラ全体を混乱に陥れるようなソフトウェアの開発では、開発プロセスにコード網羅何十%以上と定義してあり※4、見かけ上は網羅していたりします。

筆者がコンサルに入る場合は、まずソースコードを見せてもらう、と話しましたよね。

そして、そういったミッションクリティカルな製品の複雑度をまず計測します。ストーリーとしてはいつも同じでシンプルで、ほとんどのケースで相違はありません。筆者はこれまで数百のコンサルをしていますが、ほとんどすべてのケースで以下のようなお決まりの展開となります（まあ、私にコンサルを頼む時点で品質がよいプロジェクトではないので）。

※4　定義してない場合も実はあったりする。FDA（Food and Drug Administration）とか。「規格なんだからしようよ！」と思うが、筆者も規格側に立つとやはり敵を増やすような定義はできなかったりする。

筆者　複雑度を計測する
↓
筆者「単体テストやってますよね？　これ人命に関わるソフトですから」
↓
相手「はい、もちろんやってます」
↓
筆者「すいません、ここの単体テストケース見せてください」（と言って複雑度が40を超えるモジュールを指す）
↓
相手「ここに単体テストのソースがあります」（けげんそう）
↓
筆者「網羅率は担保されていますが、期待値チェックしてませんよね？」（言われた相手は機嫌を悪くする）
↓
相手「はい、発注側からは網羅率を100%と言われてますので、その指示通りやっています。発注書では網羅率以外の期待値チェックについて言及されていません」
（……気まずい雰囲気が流れる……）

後日、発注側のプロダクトマネージャー（PM）と話すと……。

筆者「このプロセスドキュメントには網羅率100%としか書いてないので、ソフトウェア全体にわたって期待値チェックのない単体テストになってしまっています。これでは、ただ単にムダな投資です。この単体テストはまったく意味がありません」
PM「……」

たいていの場合、自分の技術領域を凌駕していることを言われて「ポカーン」という反応です。だいたい、ムダな投資の意味が理解できません。この後の会話の展開は、

PM：いかにして筆者の話を重要でないことにするかの算段を頭の中で必死にする
筆者：ここで責めてもなにも出てこないので打つ手なし（ちゃんと単体テストをするには遅すぎるケースがほとんどなので）

といったことになります。

日本のソフトウェアエンジニア、もう少しがんばってほしい。

Column

テストの矛盾
（単体テスト・ブラックボックステスト・ホワイトボックステスト）

最近、コンサルをやっていると、まずは用語の定義から入ることが多いです。まったくもってつまらない作業ですが、実はすごく重要だったりします。「単体テストとは？」という定義も、各社、それが「コードベース」だったり、「UIで各々の機能を確認する」だったり、どこも統一感がまったくありません。単体テストにおけるブラックボックステストとホワイトボックステストも、明確に定義しようとすると、膨大な時間がかかります。

ISTQBの用語集（https://glossary.istqb.org/en/search/）を見ると、次のように書いてあります。

ブラックボックステスト（black-box test technique）：A test technique based on an analysis of the specification of a component or system.（特定のコンポーネントまたはシステムの分析をベースとしたテスト技術）
ホワイトボックステスト（white-box test technique）：A test technique only based on the internal structure of a component or system.（特定のコンポーネントまたはシステムの分析を内部構造に注力し、それをベースとしたテスト技術）

まあそうなんですけどね、でもこれじゃよくわかりませんよね……。本書で示しているように、単に網羅しただけのテストをホワイトボックステストとしたり、単に同値分割や境界値条件を使って入力すればブラックボックステストとしたり、テストに関して確固たる定義を持って望んでいる組織は少ないのが現状です。筆者としては、だいたんに（また皆に怒られちゃうけど）勝手に定義してみました。でも皆さんの会社で使えると思いますよ。

ブラックボックステスト：要求仕様によって定義された入力・出力値を、仕様通りにシステムもしくはコンポーネントが振る舞うかを確認するテスト。
ホワイトボックステスト：要求仕様によって定義された入力・出力値を、仕様通りにシステムもしくはコンポーネントが振る舞うかをコード網羅によって確認するテスト。欠陥なく100%網羅されていればテストは成功とする。もし網羅が不足している場合には、何らかの欠陥もしくは要求仕様の不備が認められる。

文章だけだとわかりにくいので、図にしたものが図5.Aです。そうです、本質的にはブラックボックステストとホワイトボックステストは同じなのです。

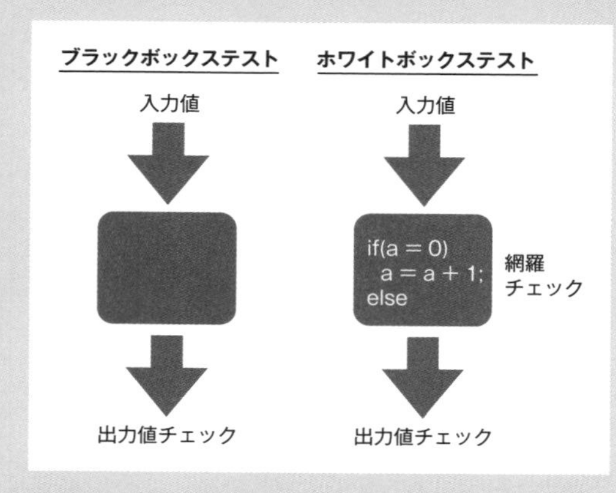

図5.A　ブラックボックステストと
ホワイトボックステストの定義

機能単位の単体テスト

前章では、コードベースでの単体テストを説明しました。本章では、Webアプリのようなそれほど高品質を要求されないものの場合、あるいはコードベースの単体テストをやったがさらにUIから機能単位の単体テストをやりたい場合（特に複雑な機能）のテストについて説明していきます。

6.1 開発者がやるべき単機能のテスト

先にも説明したようにISTQBをはじめとした規格を読んでも、単体テストに対する明確な解は書いてありません。テストに精通した開発者なら、本書の展開が不自然であることを感じるでしょう。先に示したコードベースの単体テストはホワイトボックステストで、本章で示す機能単位の単体テストはブラックボックステストです。本来なら開発後半（下流）のシステムテストとして説明する部分かもしれません。ただし、本書は**上流テスト**という立ち位置をとっており、テスト担当者がするシステムテストの説明は省いています。**コード網羅をして、単機能のテストをするのは開発者の責務**だと筆者は考えています。なので、あえて本章では機能単位の単体テストを、開発者が確認すべきテストとして紹介します。

一般的には、UIからなにかを入力して、期待する値が表示されることが単体テストと、シンプルに考えがちです。しかし、開発者が機能別の単体テストをして複雑な機能について的確に適応することによって、バグを見逃すことや膨大な無意味なテストケースを書くことがなくなります。

6.1.1 例 ソート機能の単体テスト

今回はよくある教科書的なつまらない単体テストの例ではなく、図6.1のような複雑なデータをソートするような機能確認をします（同じデータの場合はそのデータの右のデータの多寡によりソートされます)。

名前	年齢	入社年度	ランク
Tanaka	20	2012	A
Takahashi	34	2000	B
Suzuki	40	1997	D
Yoshida	33	2005	A

図6.1　ソート機能

たぶん初心者は4つの▽ボタンを押して、年齢通りソートできてるな、入社年度ごとにソートできてるな、ランクごとにソートできてるな、のように表示を確認して、「単体機能確認できました！」と報告するでしょう。しかし、テストのプロは違います。確実にこの部分からバグを見つけ出すべく、そして最適な数のテストケースを作成していきます。まず機能単位の単体テスト手法の基本は、

- **単機能境界値**
- **組み合わせ**

です。

単機能境界値

まず境界値を考えてみましょう。簡単なところでいうと年齢です。まず人間が生きられる年齢は0～150歳ぐらいですかね、ゼロ歳が入社できるかはおいといて。なので、

- **プログラムが0歳をエラーなく処理できるか**
- **その境界の-1歳をエラー処理できるか**

を見ます。そして、上限の境界は150歳ぐらいですかね、また1000歳でエラーが出ますかね、と境界を探りながらテストをしていきます。ここで「1000歳でも処理していいんじゃん！」という意見もありますが、大きい数の処理はコンピュータは苦手ですし、表示エリアからはみ出します。適切なエラー処理ということを常に考える必要があります。

また、年齢にアルファベットが入っていた場合にどうなるか、というような確認も必要です。

もう1つの境界値は、

- **データの件数がゼロのとき**
- **データの件数が1のとき**
- **データ件数がとても大きいとき**

です。これらも境界値テストになります。

組み合わせ

次に組み合わせを考えていきましょう。一般的に組み合わせる場合は必ず**そこからバグが出やすいか**という考えが必要になります。もしその考えがないと、必要なテストケース数が爆発してしまいます。それでは、ソートプログラムでどういう場合にバグが出るのでしょうか？

少し複雑なデータで考えてみましょう。組み合わせを考える場合は、1, 2, nを常に頭に入れる必要があります。データが「1」つの場合にソフトウェアがちゃんと動いているかは、左記の単機能境界値で確認しました。次は「2」です。

当然、同姓が2人いた場合を考えなければならないので、同姓の名前があった場合、年齢が正しくソートできているかを確認します。次のようなデータを作成して、正しくソートできるかを見てみましょう。

名前	年齢	入社年度	ランク
Tanaka	30	1996	D
Tanaka	20	2012	A
⋮	⋮	⋮	⋮

はい、同姓のTanakaさんの次のデータの年齢でソートされていますね！(図6.2)

名前	年齢	入社年度	ランク
Tanaka	20	2012	A
Tanaka	30	1996	D

図6.2　同姓でのソート

年齢でのソートを確認してみます。次のようなデータを作成して、入社年度でソートされているかチェックしてみましょう（図6.3）。

名前	年齢	入社年度	ランク
Suzuki	20	2016	A
Tanaka	20	2012	A
⋮	⋮	⋮	⋮

名前	年齢▼	入社年度	ランク
Tanaka	20	2012	A
Suzuki	20	2016	A

図6.3　年齢でのソート

というように2つの組み合わせで、その機能がちゃんと動いているか確認する必要があります。同じように入社年度とランクの組み合わせ、ランクと名前の組み合わせとテストケースを作成する必要があります。

しかし、読者はひょっとして、複雑なデータを作って色々テストを試したいかもしれません。同年齢の場合は次の入社順序でソート、入社順序が同じ場合は次のランクでソート、ランクが同じ場合は次の名前でソートなど（図6.4）。たしかにこういうソートはケースとしてはありえますが、これはnのケースなので書き始めると無限大の数になります。

こんなテストケースを書くのは宝くじを当てるようなものです。なので、**まず「1」「2」を確実に網羅し、nというテストケースの数を適切数（たいてい数個）書けば品質的にはほとんど問題はありません。**

名前	年齢	入社年度	ランク
Suzuki	19	1997	D
Suzuki	20	1998	B
Suzuki	20	2000	A
Suzuki	20	2000	C
Yoshida	20	2000	C
Abe	20	2000	D
Tanaka	40	2008	F

図6.4 複雑なデータのソート

「それでもバグが出たらどうするんですか？」と言ってくる人はいますが、いつも筆者は自信を持って、

「そんなバグはまず出ません。また、ほとんどの場合、バグは検出できません！　確率統計的（即席のあやしい計算式を示し）に検出するにはxx億円かかりますが、その費用かけます？」

と聞き返します。今まで1人も「よしその費用をかけよう！」と言った人はいませんでした。

たしかに開発者が思いもよらない変なコードを書いてしまい、3つ以上の条件でのバグが出ることはあります。しかし、それを防ぐための適切なテスト手法がないのも事実なので、あきらめるしかありません。**機能単体の単体テストでの組み合わせのバグ検出確度は、コードベースの単体テストよりかなり低い**という認識を持つ必要はあり

ます。そしてまた、このようなバグを見つけるのは、テスト担当者ではなく、開発者もしくはそのコードをレビューしている**レビュワー**だということを忘れてはいけません。現代の巨大ソフトウェアでは、開発者自身もテスト担当者の意識を持つことが重要です。

余談ですが、こういった**単機能が複雑な場合は自動化テストをおすすめします。**まあ、一晩中、自動化したテストを流しておけば安心感がかなり得られますよ。

6.2 ブラックボックステスト・ホワイトボックステスト

今までコードベースでの単体テストや機能単位の単体テストを説明してきました。「それでは、私の製品はどちらの単体テストをやるのですか？それとも両方やるのですか？」という問いが想定されます。しかし、現実世界において筆者の長いコンサルタント経験から、それを問われることは実は少なかったりするのも事実です。なぜなら、各社・各事業部で昔からのやり方があり、それを疑問を持たず踏襲しているので、あまり現場の担当者はドラスティックな改善に前向きではありません。品質が悪くなければ、今まで踏襲したやり方でテストケースを追加したりして泥縄的にしのいでいます。

よくある会話だと、

筆者「御社の製品の品質は、特にコード品質が悪いので、ホワイトボックスでの単体テストを追加したらどうでしょうか？」
相手「そんな時間も予算もありません、何年間も開発し続けた膨大なソースコードの単体テストを一からやるなんて土台ムリです！」

と一蹴されますが、それでも食い下がり、

筆者「いえいえ、現代のソフトウェア理論では、ソースコード全体の20％程度をテストすれば十分な品質になる単体テスト手法もありますが、どうですか？」※1

しかしだいたいの場合、その後連絡がなくなります。要は新たなテスト手法を追加したくないのが日本のソフトウェア組織らしいです。

コードベースでの単体テストをやるか否かは、そのテストで防げた市場問題が発生したか否かで判断すればよいのです。これと同様の悩みは、ブラックボックステストとホワイトボックステストのどちらをやるかという判断です。これもブラックボックステストですべてのバグを見つけられれば、ブラックボックスよりコストのかかるホワイトボックステストをやる必要はありません。一般的にブラックボックステストとホワイトボックステストで見つけることができるバグの範囲が違うのは、本書でもすでに説明した通りです※2。

※1 https://www.publickey1.jp/blog/11/post_193.html
※2 詳細は、p.71のコラム「テストの矛盾（単体テスト・ブラックボックステスト・ホワイトボックステスト）」を参照のこと。

　もう少し詳しく説明すると、図6.5のようなイメージです。ホワイトボックステストを省くと、バグがいくつか残ります。しかし、それが軽微なバグならば問題ありません。たとえば、無料スマホアプリでたまに動かなくなったりしても致命的な実害がないなら、ホワイトボックステストをやらなくても問題ありません。

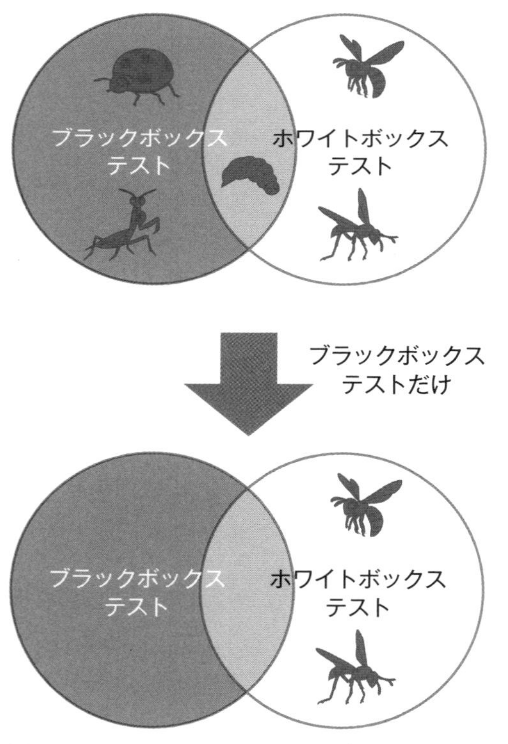

図6.5　ホワイトボックステストとブラックボックステスト

それでは、車に搭載されるソフトウェアはどうでしょうか？　最近の車の中身はコンピュータだらけなので、そのソフトウェアに問題が起これば、事故を引き起こして最悪の場合は死者が出ます。特に、車のエンジンやミッションコントロールのソフトウェアは、ホワイトボックステストが必須です。しかし、カーナビゲーションのソフトウェアのほとんどは、ホワイトボックステストをやっていません。まあ、カーナビが故障したら困るけど、スマホの地図でなんとか代用できますしね。

✱Column

組み合わせテストとシステムテストの怪

組み合わせテストは、デシジョンテーブル、All-pairなどがあります。本章では、多くの人が必要としている組み合わせテストのやり方について説明しましたが、組み合わせテストは一番コストのかかる方法です。そのため、できるだけしないほうがよいでしょう。

しかし日本のソフトウェア開発環境では、多くの組織が組み合わせテストに頼り切っていたり、組み合わせが足らないからバグが出たと思い込んだりして、多くの品質費用をこの組み合わせテストに使っています。

まあ、担当者としては楽だからです。たとえば、市場バグが出たとします。そのバグはほとんど、ある入力のある組み合わせによって発生しますが、テストケースにはその組み合わせは入っていませんでした。このような場合、「それでは、その組み合わせをテストケースとして追加しましょう。また、再発防止として、そのパターンの組み合わせも500ケースほど追加しておきましょう」というストーリーになりがちです。

バグの発見をシステムテストに依存している組織はたいてい、そのシステムテスト部分を協力会社に依存しています。まあ、協力会社もテストケースが増えれば、お金がもうかるので、「そうですね。組み合わせテストを増やしたほうがいいと思います」と言ったりします。

しかしふと立ち止まって考えてみると、「あれ？　このバグはif文を書いたけど、else文を書き忘れたから出たんだよね。それは要求仕様でその例外処理を明確にしなかったからだよね？」などと我に返るわけです。なにかおかしいと思いませんか？　要求仕様の不明確さが原因のバグを、組み合わせテストで発見するようにするって。

7

リファクタリング

「てめーコード汚ねーよ、複雑度40超えてるじゃん、このswitch文の中のif文の中のif文どうにかしろよ！　てめーの少ない脳みそじゃどういう振る舞いしてるか理解できねーだろ！」
「あー、そうかい。そしたら複雑度下げてやるよ！　コードが書き終わったのにリファクタリングしろって言うんだな！　バグったらおめーのせいだからな！」

リファクタリングの目的とはなんでしょうか？　コードを読みやすくするため？　コードのメインテナンス性を上げるため？　筆者は、ソフトウェア品質を担保するためにはリファクタリングは必須だと考えています（必須としてない日本の企業の多さには辟易していますが……）。**リファクタリングなしには上流・アジャイル品質が担保できない**からです。筆者はリファクタリングには2つの流れがあると考えています。

- **コードの本質論からリファクタリングを推奨する（Martin Fowler推奨）**
- **XPのプラクティスでのリファクタリング（Kent Beck推奨）**

もちろん2人とも世界的に著名なソフトウェア工学の学者なので、まったくもって正論を書籍で展開しています [FOW99] [BEC02]。

XPのプラクティスでのリファクタリングは、コード構造を変えるというよりは、コーディングのリズムを整えるためのものです。このXPのリファクタリングについては第4章で説明しましたね。

本章では、コードの品質の本質論からのリファクタリングについて考えてみましょう。

7.1 やはり複雑です、そのコード！ 書けません、単体テスト

さて、いきなりですが、単体テストをやるべきファイルが絞られました。ファイルの中身を見ると複雑な条件が詰まっています。たとえば、

```
c = a + b;
```

なら簡単に単体テストが書けますよね。しかしながら、実世界のコードは著しく複雑です（もちろん、前任者がなにも考えずに書いてしまったコードのことです）。

いきなり複雑なコードに対して「よーし、やるぞ！　リファクタリング！」と言って、コードを変更するのは無謀以外のなにものでもありません。まず、複雑な関数をテストする単体テストを書きましょう。しかし残念ながら、ある程度複雑なので、単体テストを書くのはかなりメンドウな作業だったりします。そこで筆者は、図7.1のような流れでリファクタリングすることをおすすめします。

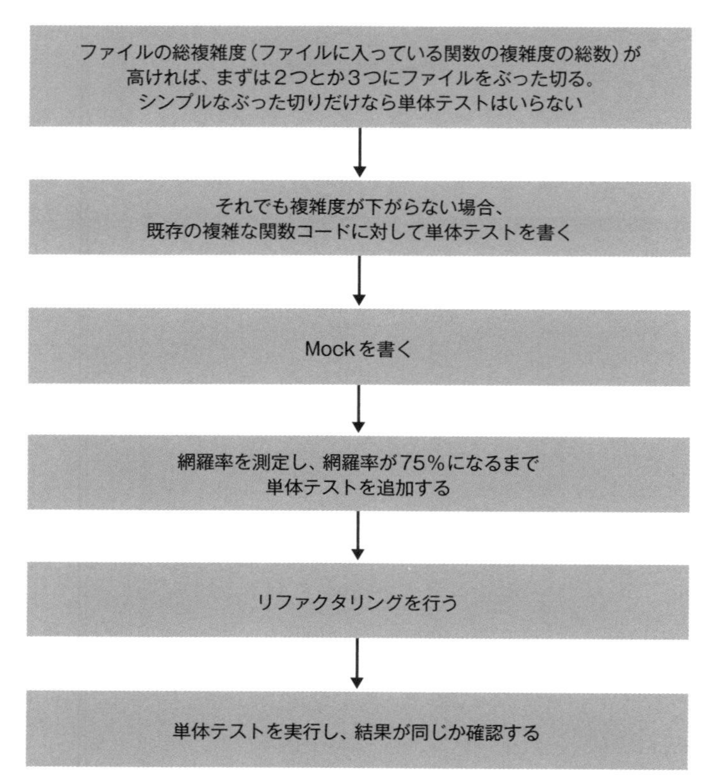

図7.1 単体テストの流れ

このリファクタリングに際して、筆者は次のことに注意します。

- 複雑度を下げる
- 出口を1つにする
- MVCを分離する
- ファイルのコードを短くする

7.2 ファイルのコードのリファクタリング

なぜファイルのコードが長くなるかと言うと、**責務が適切に分けられてないから**だと筆者は考えます。それには、大きく3つのパターンがあります。

- **とりあえず、どこのファイルにもなんとなく収まらないから、ここに入れちゃおう**
- **クローンコードがたくさんある**
- **ビッグクラスによるファイルの肥大化**

「とりあえず、どこのファイルにもなんとなく収まらないから、ここに入れちゃおう」というファイルは、筆者もよく作ってしまいます。無能な筆者だからなせる技かもしれませんが、なんかうまく設計できなくて、とりあえず関数群の塊をどっかのファイルに入れちゃいます。そして、ファイル名にother.javaなんてつけちゃって、結局そこからけっこうな数のバグが出てしまうわけです。

「クローンコード」とは、似た関数をコピペして使うために、どうしてもファイルのコードが長くなってしまうことです。たしかに関数化はメンドウですが、メンドウがらずに、頭を使って関数化をしましょう。昔話をすると、C言語で関数を使うとプログラムの実行スピードが遅くなって、クローンコードが正当化された場面もありました。しかし、CPUがマルチコアであることが当然の現代では、そんな言いわけは通用しません。

7.3 ビッグクラスのリファクタリング

ビッグクラスのリファクタリングも、ファイルのコードを短くするリファクタリングの1つです。あまり関連性のない複雑度の高いファイルは乱暴にぶった切ればよいですが、筆者の経験からするとビッグクラスがファイルのコードを長くしていることのほうが多いのです。

7.3.1 CKメトリックス

> 昔々あるところに、C言語と1つのLinux OSで書かれたソフトウェアがありました。そのソースコードを割って見てみると、きれいな構造をした完ぺきなCプログラムソースがありました。

という時代は素晴らしいですね。筆者の書斎の積年の堆積物――膨大なあまり役に立たないソフトウェアの工学本――の中にRobert Glassが1990年に書いた『Measuring Software Design Quality』[GLA90]という本があります。そこには、構造化プログラミングでのメトリックスをどう測り、品質向上させるかが書いてあります。たとえば、「複雑度※1は増やすな」などの話がとくとくと書いてあるわけです。あるいは、もっと古い、Richard Lingerが1979年に書いた『Structured Programming』[LIN79]では、「完ぺきな構造化プログラミングとは」について書いてあります。

時代は移り、オブジェクト指向が登場して、C++やJavaといったプログラミング言語が考えだされます。そしてそこでは、CK Metrics [CHI94] ※2なるものが出てきます（CKメトリックスは、1つのメトリックスではなく、いくつかのメトリックスの集合体です)。簡単に言うと「クラス構造が複雑だ」とか、「1個のクラスにたくさんメンバーをつっこんでるとバグになっちゃうよ」といったメトリックスです。

難しく書くと、たとえば、WMC（Weighted Methods Per Class：クラス当たりの平均メソッド数）というものがあります。

$$\mathrm{WMC} = \sum_{i=1}^{n} \mathrm{Ci}$$

「ここで1つのクラスc_1、メソッドをM_1, …… M_nと仮定した場合に、クラス群をc_1, c_2, …… c_nとする」ってな感じになります。要は、「平均WMCはすべてのプログラムのすべてのメソッドを数えて、それをすべてのクラスの数で割ればよい」という話です。Chidamberによる、あるサンプル調査

※1　複雑度についての詳細は、p.58を参照のこと。

※2　Chidamberという人とKemererという人が定義したメトリックスなので、このように呼ばれている。McCabe数（複雑度）のように超有名なメトリックスかというとそうでもないが、Object Orientedな世界では有名なメトリックスである。しかしなぜメトリックスの名前だけ、考案した個人の名前がついてしまったのか……。

の論文では、

> **クラス1つ当たりのメソッドのほとんどが0-10に固まっていて、大きいのはまれである。一番大きい値としては、1つのクラス当たり106のメソッドがあった**
>
> Shyam Chidamber

と報告されています。しかし、Chidamberの論文では「どのくらいのメソッド数が適宜であったか」については言及してないので、筆者たち一般ピープルは困ってしまいます。だいたい、ソフトウェア工学はある新しいものが定義されると、定義した人が「こういう値が適当だ」と言い、それが世の中のデファクトスタンダードになるわけです。McCabe数の場合も、オリジナルの論文に「10以上がダメだ」と書いてあったので、現在でもそれが標準になっています。

筆者の私見では、**McCabe 20以下、そしてWMC 20以下**と皆に押しつけています。まあ会社ではこの辺の領域で私に逆らう人がいないのをよいことに。

CKメトリックス群では、WMC以外にDIT（Depth of Inheritance Tree：平均クラス継承の深さ）やNOC（Number of Children：平均子クラス数）などがあり、適宜プロジェクトによって使い分けていただけばよいでしょう。

さて、オブジェクト指向のメトリックスの研究が進んできたのが1994年なので、そろそろアーキテクチャパターンなり、ビューなりのパースペクティブのメトリックス（定量的な良し悪し）が出てきて当然ですよね！　しかし……色々調べたのですが [LUN00] [CLE01] [DOB02]、本書のような一般的なエンジニアリングの本で紹介できるメトリックスはいまだ出てきていません。

WMCは非常に重要なメトリックスで、実は筆者はWMCと複雑度の2つのメトリックスしか現場で使っていません。データをとっておけばよかったなと思うのですが。

さて、WMC値が大きい場合はどうかというと、それは**バグの温床**です。

バグの出やすい、コードの長いファイルはほとんどの場合、クラスファイルが適切ではない！

繰り返しになりますが、コンサルで現場に入りソースコードを分析していると、コードが長いファイル（バグが出るファイル）というのは、ほとんどの場合、クラスがビッグクラスか、各メンバーシップ関数が不適切に長い場合がほとんどです。筆者の感覚としては80%を超えます。

品質の観点から言えば、**CKメトリックスの値が高いものは、リファクタリングすべきです。**メインテナンスするのも楽ですし、単体テストも書きやすいからです。WMCのサイズを小さくするには、Martin Fowlerの言うクラスの抽出という手法があります。要は、図7.2のように**大きいクラスをぶった切る**というやり方です。

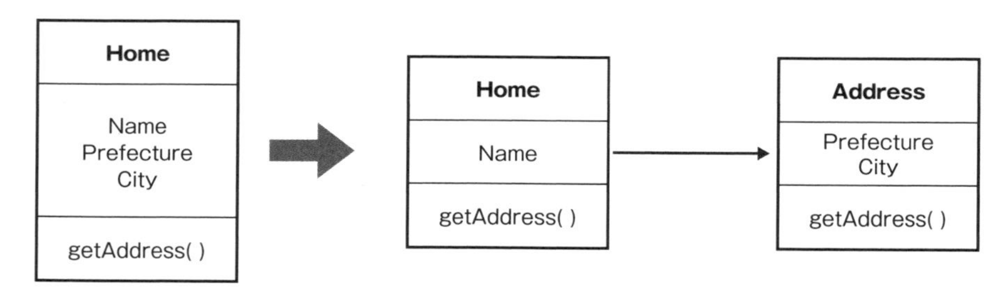

図7.2　クラスの抽出

クラスは抽象化されるべきです。しかし、抽象化というのは抽象的であるので、クラスのメソッドの数に関しては自由度を持たせてしまいます。そのため、プロジェクトでは、クラスのサイズについて厳密な定義を持ち、もしクラスサイズがその定義を超えたなら「必ずクラスの抽出を行う」ということを徹底したほうがよいでしょう。

では、ぶった切るメリットはなんでしょう？　たとえば、図7.3のように、致命的に大きいクラス（ビッグクラス）がバグだらけなので、ぶった切ったとしましょう。

そうすると1つのビッグクラスが2つのちょいデカいクラスになりますね。そうなるとファイルが2つになり、当然Hotspot値が減っていきます。うまくいけばHotspotベースでの単体テスト対象ファイルから外れる可能性もあります。

これだと、他のファイルが単体テストをやるべきリストに上がってくるので、同じではないか、と言う人もいるかもしれません。たしかにそうです。しかし、リストに上がってきたそのファイルは、構造が複雑ではなく、もち

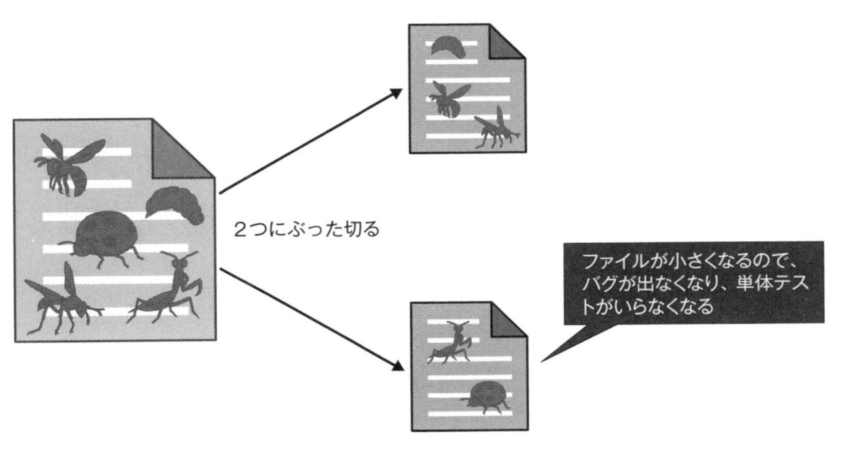

図7.3　バグだらけのビッグクラスの抽出

ろんクラスサイズが小さいものが上がってくるので、単体テストがより書きやすくなります。

コードを修正しても、すぐにJenkinsやCircleCIで単体テストが走るようになっているから、submit前に自分のミスがわかります。そして、すぐに修正するから、チーム全体に自分のバグ入りのsubmitがバレるような、はずかしい思いもしません。単体テストがチェックインごとに走ることで安心して小さい単位でチェックインできるから、ステキです。

こんな感じの開発スタイルになれば、もう残業なんてする必要はありません。そんな成熟したチームが市場バグで苦しんでいるなんて話も聞いたことがありません。

最後に、1つだけ言っておくべきことがあります。品質の観点から言うと、ビッグクラスは、構造化言語のさらに前世代のカオスな言語体系と同じです。アセンブラや構造化を提供しないBasic（グローバル変数を多用せざるを得ないプログラミング言語）のようなプログラムになり、ソフトウェア品質が一気に下がります。多数の関数群にアクセスされるprivate変数はまったくプライベートではなくなり、グローバル変数となってしまいます。

7.4 複雑度を下げるリファクタリング

複雑度は先にも軽く説明しましたが、少し詳しく言うと**プログラムの制御の流れを有効グラフで表現して、そのグラフの持つ性質に基づいてプログラムの複雑性を表す方法**です。関数ごとに複雑度の数を示してくれて、数が大きければ複雑で、小さければシンプルです。たとえば、複雑度が30を超えるとバグの修正がかなり困難になり、修正したと思っても完全に修正しきれなかったり、他のバグを生んだりする可能性があります。複雑度はすごい昔に提案されたメトリックスですが、今でもかなり使ってます（なんと1970年代の論文です）。

複雑度がでかい = バグを生む悪い関数

複雑度が小さい = バグのない関数

複雑度とバグ数の相関関係については20年以上議論されてきており、いまだ最終結論には至っていません。しかし、多くの読者は、たとえばコードが50行ある関数からバグが出ると、そのデバッグに時間がかかることはわかっているでしょう。複雑度とバグ数に関しては議論の余地はありますが、複雑度の高い関数のバグはデバッグ時間が非常にかかります。さらに言えば、複雑な関数は単体テストが非常に書きにくく、要はテストするのに時間がかかるのです。

品質の悪いプロジェクトは、まず複雑度の高い関数のリファクタリングを積極的に行ったほうがよいでしょう。表7.1は、学術誌のデータではないため信ぴょう性に乏しいものの、あながちうそではないデータです。

表 7.1　複雑度とバグ混入確率

循環的複雑度	複雑さの状態	バグ混入確率
10以下	非常に良い構造	25%
30以上	積極的なリスクあり	40%
50以上	テスト不可能	70%
75以上	いかなる変更も誤修正を生む	98%

ファイルのソースコードを見て直感的に「こりゃ複雑度高いな〜、だってifの中にswitch入ってるし」――こう思うと複雑度が40を超えるぐらいです。そうすると、だいたい2回に1回はバグ修正に失敗します。

複雑度の高い箇所を修正するとだいたい50%は失敗するのですから、**プロジェクト後半でのバグ修正はやめたほうがよい**でしょう。

しかし、**初期段階や中期段階でのバグ修正は積極的に行うべき**です。

品質の悪いコードは恐れずリファクタリングすべき。
リファクタリングに失敗してもバグは出るし、
しなければそこを修正したときにバグは出る。

余談ですが、複雑度が高い関数が多ければ多いほど、労働時間は増加します（図7.4）。**残業を減らしたきゃ、複雑度を下げるしかありません。**

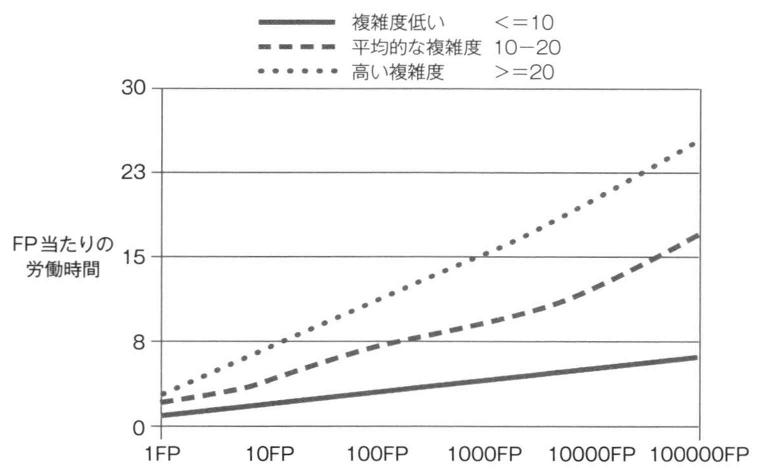

図7.4　プログラムサイズと複雑度・労働時間の関係

7.5 出口は1つ

コーディングスタンダードは守るべきです。守れば守るほど、保守性は上がっていきます。しかし、品質担保において最も重要なコーディングスタンダードは、**関数の出口を1箇所もしくは2箇所にする**こと。**2箇所の場合は必ず、入り口でのパラメータのエラーチェックのみで、絶対に関数の真ん中でreturnしないように**※3。

単体テストとは先に述べたように、in、outの振る舞いのみをチェックしています。もちろん、その関数が何らかの責務（計算や、データベースに保存など）があったとしても、その責務をチェックするのはあまり得策でありません（もちろんチェックしたほうがよいですが、単体テストの複雑性が増します）。シンプルに計算や、データベース保存を関数の最下層で行い、その保存や返り値だけをチェックするような単体テストがシンプルで保守しやすいのです。

※3 唯一の例外として、入り口すぐのところで、不適切な値が入ったときにそのままreturnで返すことは許容できるかと思う。ただその場合は単体テスト的に問題ないか、他の処理に影響ないかを注意深く確認する必要がある[DOK16]。

7.6 MVC分離

MVC（Model View Controller）分離は、ソフトウェアの品質を考える場合、非常に重要な設計です。これさえやっていれば、少なくとも筆者はそのプロジェクトのリーダーに対しては怒りません。なぜなら、MVC以外の品質問題はリカバー可能だからです。ファイルのサイズが長ければ、ぶった切ればよい話ですし、もし複雑度が高ければ、局所的なリファクタリングをすればよいのです。

しかし、**MVCアーキテクチャが担保されてないプロジェクトは不幸です。** MVCが分離されてないソフトウェアを、プロジェクト途中でMVC分離するのは容易ではありません（図7.5）。かなりきつい……。なぜなら、ソフトウェアの全体に手を入れなければならないからです。すごく優秀な人を連れてきて、全体を見させるか、綿密な計画を練ってチームでやるか。どちらにしろ大変な作業なのです。

しかし、日本の多くの組織のソフトウェアはMVC分離ができていません。それは、中小企業の規模の小さいソフトウェアではなく、何万個も売れる組み込みソフトや日本を支えるような基幹ソフトウェアでの話です。

ちょっと気の利いた人なら「MVC！　当然やるよ！」と言いますが、実際その人がリードするプロジェクトでもできてないことが多いのです。言う

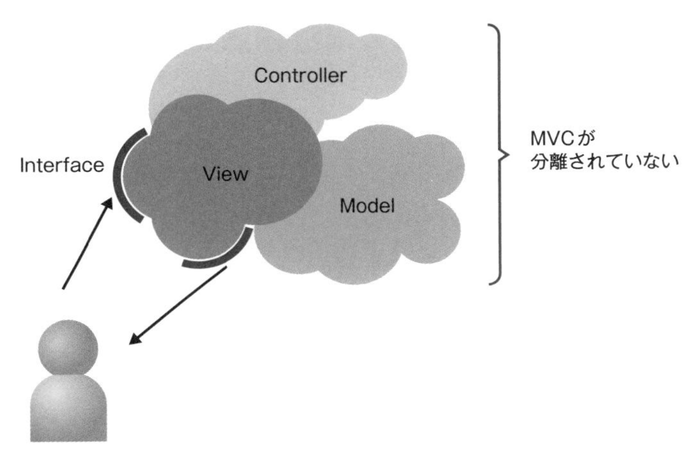

図7.5　品質が担保されないカオスアーキテクチャ

は易く行うは難し。リーダーがソフトウェアアーキテクチャに知見があったとしても、ほとんどの場合、そのメンバーにソフトウェアアーキテクチャの知見がありません。困ったものです……。

アメリカの大学では、私が通った三流大学のコンピュータ・サイエンスの学部でも、ちゃんとアーキテクチャを教えます。もちろんアメリカは学歴主義なので、多くの開発者は大学院まで進学して学び、そういったMVCのアーキテクチャを実装することに対して異論はありませんし、皆粛々とMVC分離されたコードを書いています。まあ書けなきゃクビだし。

なぜか日本のコンピュータ・サイエンスの教育は、アメリカに比べて極めて遅れています。ちゃんとアーキテクチャを教えているのか、ソフトウェアテストについて教えているのか、甚だ疑問です。おっと、教育論の本ではないのでほどほどに……。

ということで、**MVC分離は、最初の設計段階でちゃんと考えて遂行すべき**です。図7.6は、MVCモデルの派生のAndroid用のMVVM（Model View ViewModel）モデルです。もちろん本質的にはMVCモデルですが、Androidに特化しています。多くの言語で、独自の言語に特化したMVCオープンソースが利用可能です。

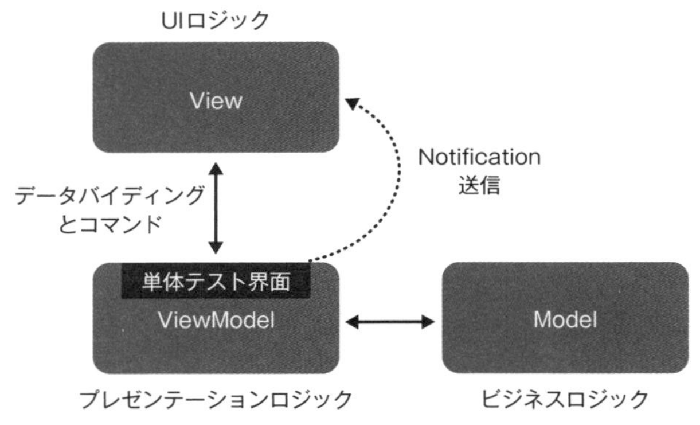

図7.6　品質が担保されるアーキテクチャ

ここで重要なことは、

テストの界面をGUIに持たない

にあります。MVCの最もよい点はViewを分離するところにあります。特にViewをなるべく小さくしたほうがよいのです。たとえば、JavaScriptに計算を入れたりする開発者がいますが、Viewには計算やロジックを入れてはいけません。なぜなら、Viewのテストは人間が見たり、GUIをコントロールする自動スクリプト（たいていツールは高価で、スクリプト開発はメンドウ）にしなければならないからです（図7.7)。

たとえば、Viewの部分をプログラムの5%だけにしてしまえば、95%のテストは非常に安価で実行スピードの速い単体テストで終了します。

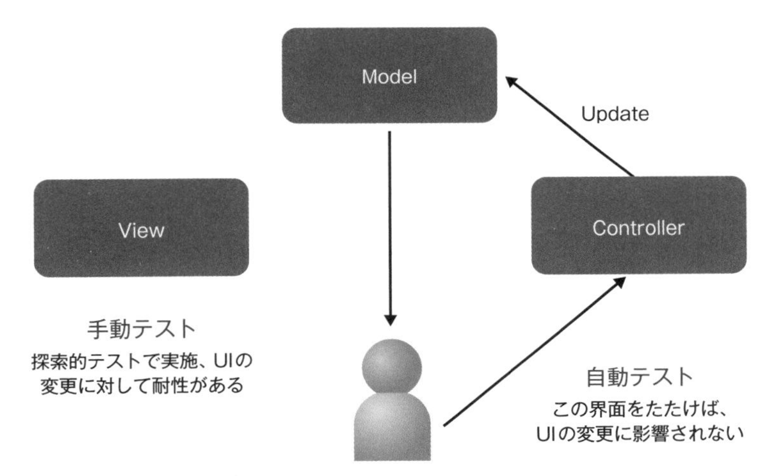

図7.7 Viewのテストは苦手

表7.2はViewを分離する理由のまとめです。技術的な理由、そしてもちろん仕事ですから不条理な理由もあります。

表7.2 Viewを分離する理由のまとめ

技術的な理由	●Viewのテストは時間がかかり、UIの変更は頻繁に起こる ●Viewのテストは単体テスト化が困難で、コストのかかるシステムテストになるため ●コード上でViewとコントロールを分離する（例：JavaScriptに計算を持たせたい）
不条理な理由	●いくら事前に説明しても、企画と上司はものができてからUI変更を命令する ●企画と上司は出荷直前でもUI変更はできると信じ、それを命令する

✱Column

デザインパターン

デザインパターンの中で一番有名なパターンは、Erich Gammaらが書いた「デザインパターン」[GAM94]です。C++やJavaなどでソースコードを書く場合は、このパターンを使うのが王道です。ただしこれはアーキテクチャのパターンとしてではなく、それより小さい粒度で定義されています。C++をメインで使うためのコーディングパターンといったほうがよいかもしれません。当然、粒度が小さく、コーディングに重きをおいているので、品質特性の保守性に対してのみしか寄与しないという意見があります[LAT11]。とは言っても、筆者は**ソースコードを書く人はデザインパターンをバリバリ使ってほしい**と考えます。

Gammaが定義しているデザインパターンは、以下のように23種類あります。

- Abstract Factoryパターン
- Builderパターン
- Factory Methodパターン
- Prototypeパターン
- Singletonパターン
- Adapterパターン
- Bridgeパターン
- Compositeパターン
- Decoratorパターン
- Facadeパターン
- Flyweightパターン
- Proxyパターン
- Chain of Responsibilityパターン
- Commandパターン

- Interpreterパターン
- Iteratorパターン
- Mediatorパターン
- Mementoパターン
- Observerパターン
- Stateパターン
- Strategyパターン
- Template Methodパターン
- Visitorパターン

デザインパターンのアプローチ自体はたしかに古く、C/C++に偏った考え方だという批判をする人も多いですが、現代のJava/Kotlin/Swift/Pythonなどのプログラミング言語でもこの考え方は十分通用します。ただし、23のデザインパターンを忠実にすべて履行しろというのも酷な話で、数年しか開発経験のない開発者にそれを求めるのはムリです。しかし、経験の少ない若い開発者は、このデザインパターンを一つ一つ覚えて実務で適用できるようになっていけば、キャリアパスの大きなアドバンテージになりますよ。

8 コードレビュー

8.1 コードレビューとは

コードレビューに関するデータは、現在主流のアジャイルスタイルでは少ないのが現状です。ウォーターフォールの世界では、割合ちゃんとしたデータがとられていたので、そのデータは参考にできます。Boris Beizerが書いた表8.1がその代表です。

レビューとは、基本的に**他人の書いたものを指摘するのではなく、本人が気づくことに重点をおくもの**です。しょせん他人の書いたコードなんて一瞬で理解するのはムリですから。なので指摘というより、「ここはなぜこういうふうになっているの？」という問いかけ形式にすると、本人に気づきがあります。そのことによって、人は成長したりするので、非常に重要な活動なのです。

さらに言えば、**レビューはテストよりも効率的なバグ発見手法**ということを、あまり皆さん意識していないような気がします [KAR04]。レビューですべての欠陥を見つけることはできないですし、テストで確実に動作を確認したいという気持ちはわかりますが、きっちりとしたレビュープロセスを組み入れることは安価で効率的な品質向上の手法なのです。

最近は、クラウドでのCircleCIなどを使った高速ビルドやGitHubでの効率的な作業のほか、GitHubとSlackを連携したりもできるので、非常に効率の良いレビューができます。

表8.1　Beizerのバグ検出 [BEI90]（再掲）

QA活動の種類（Activity）	レンジ
カジュアルなデザインレビュー Informal design review	25%～40%
フォーマルデザインインスペクション Formal design inspection	45%～65%
インフォーマルなコードレビュー Informal code reviews	20%～35%
カジュアルコードインスペクション Informal code inspection	45%～70%
モデル化やプロトタイプの作成 Modeling and prototyping	35%～80%
個人的なコードチェック Personal desk-checking of code	20%～60%
ユニットテスト Unit test	15%～50%
新機能のテスト New function（component）test	20%～35%
統合テスト Integration test	25%～40%
回帰テスト Regression test	15%～30%
システムテスト System test	25%～55%
小規模のベータテスト（10サイト以下） Low-volume beta test（< 10site）	25%～40%
大規模のベータテスト（1000 サイト以上） High-volume beta test（> 1000site）	60%～75%

筆者の個人的なおすすめは、**なるべくコードレビューの前に機械が検出できるバグは検出しておいて、人は本当に最小限のことしかやらない仕組みにしておく**ことです。

たとえば、図8.1は一般的なレビュープロセスです。これを図8.2のように変えると、どうでしょう？

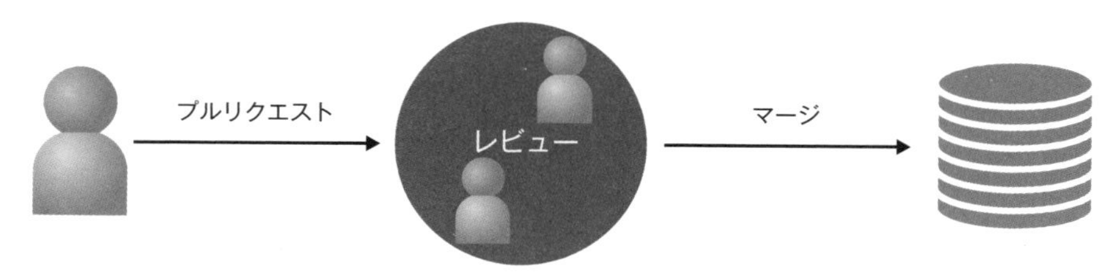

図8.1　一般的なプルリクエスト

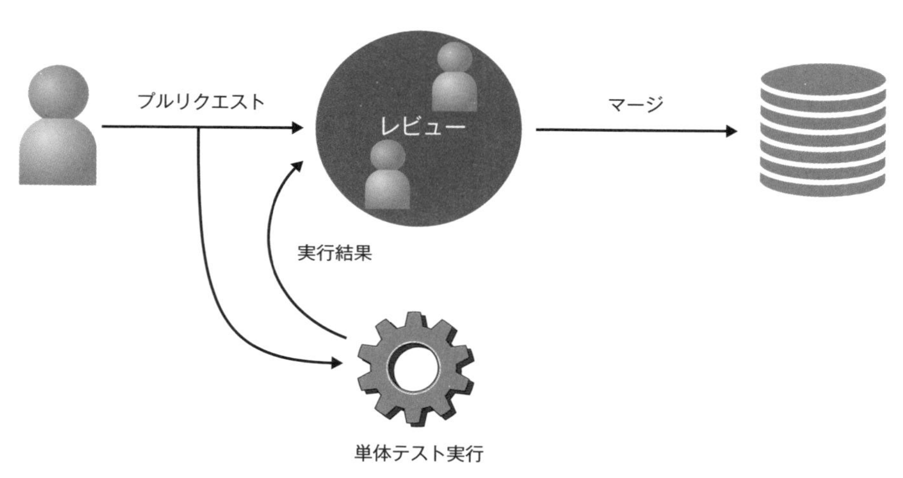

図8.2　品質を考えたプルリクエスト

図8.2では、レビューを行う前に単体テストの結果が出ています。**単体テストが失敗しているのに、レビューする意味はありません。** こんな仕組みを取り入れていけば、どんどん組織の開発効率が良くなっていきます。「そしたら、システムテストの自動化もその仕組みに入れてしまえばいいじゃないか！」と、実は筆者も入れてみました。ところがSeleniumもAppiumも実行速度がクソ遅い。

それに並行実行するにも、PCなりインスタンスなりをたくさん立ち上げなきゃなりませんし、さらに失敗した場合の原因追究（実際のバグなのか、テストコードのバグなのか）に時間がかかります。

もしそれが関数単体の単体テストなら、実行速度も速いですし、並列でのテストの実行も簡単にできます（図8.3）。

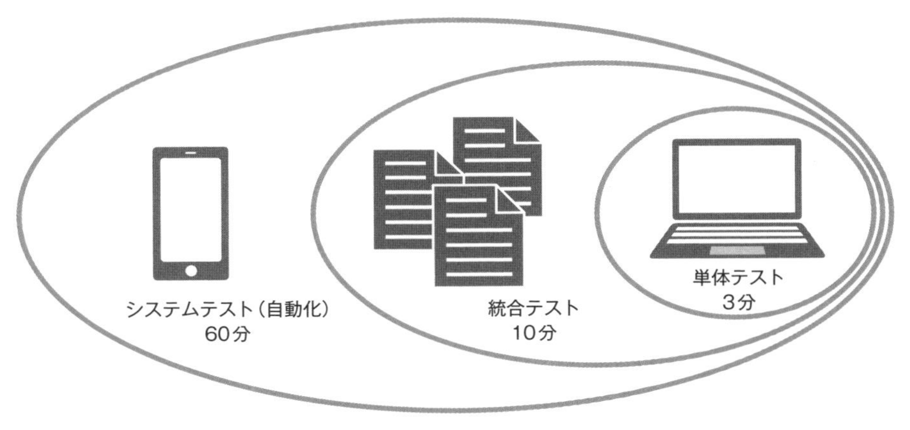

図8.3　単体テストの圧倒的なテストスピード

本書で一貫して主張し続けた、上流へのテストの移行の目的は品質の改善が主ですが、実はそれ以上に**開発の効率の改善**だと考えます。バグは作ってしまったら、すぐに修正すれば、本当に手のかからないものです。**バグを入れ込まないように工夫をする組織は多いですが、それは間違い**だと筆者は考えています。だってどんなに気をつけたって人は間違うものですし、たいていの人は反省しません（特に筆者は）。

バグを入れないようにする仕組みではなく、入れてもすぐに発見できる仕組みにすることが重要

8.2 ペアプログラミング

ペアプログラミングは生産性のみならず品質の向上に著しく寄与します。その品質や生産性への寄与はすでに確立されているので、安心して取り組める技術だと思います。もちろん2人で1つのことをやるので短絡的に考えてみるとコストが倍かかる技術ですが、やり方次第ではそのコスト負担を大きく凌駕する技術です[WRA10][VAL10][ICI20]。

ただ問題はあまり使われていないというところです。アメリカの調査では21%の組織しか使っていないそうです[SUN16]。日本になるとそれよりさらに下がると思われます。まあペアプロに対する理解やメリットの説明が足らないのでしょうね……。はい、メリットを少しずつ説明させてください。あとシフトレフトでもアジャイルでもシステムテストの比率が下がるので、ペアプログラミングである程度のコスト負担は許容できるかと。

Kent Beck[BEC05]によればペアプログラミングとは、

稼動対象のソースコードはすべて2人の開発者が1台のマシンに向かって作成される。もちろん1つのキーボード、1つのマウスしか使われない

Kent Beck

と定義されています。人によってはあまり嬉しくない光景かもしれません。さほど仲が良くもない同僚と朝から1台のPCをシェアーしてくっつきあいながら（くっつく必要はないがモニターももちろん1つなのでくっつかざるをえない)、朝から晩までプログラムする。たしかに効率は上がるかもしれないが……。

しかし才のあるKent Beckはそういう場合にと、ちゃんと『XPエクストリーム・プログラミング入門』に以下の条件があればたとえ気まずい同僚同士のペアプログラミングでも効果は絶大だと記述しています。

- ☑ **コーディング規約によって、つまらない口論が減る。**
- ☑ **すべての人がリフレッシュされていて、休養十分なので、無駄な議論をすることが少なくなる。**
- ☑ **ペアが一緒にテストを書き、実装に取り掛かる前にお互いの理解を合わせる機会を持てる。**
- ☑ **ペアはネーミングや基本設計を決めるメタファを持っている。**
- ☑ **ペアはシンプルな設計を行っているので、現在の進行状況を理解している。**

そう言われれば、なんか不仲な2人でもペアプログラミングできるかもしれないと思ってしまいます。しかしもちろん月に100時間も残業するような開発者はペアプログラミングなんてきっとできません。「そのタコなお前のソースコード！」とか言ってしまい、取っ組み合いの喧嘩になってしまいます。

ペアプログラミングの効率性に関しての研究はいくつか良いものがあります。まず以下の図8.4はWilliams [WIL00] の研究の成果です。

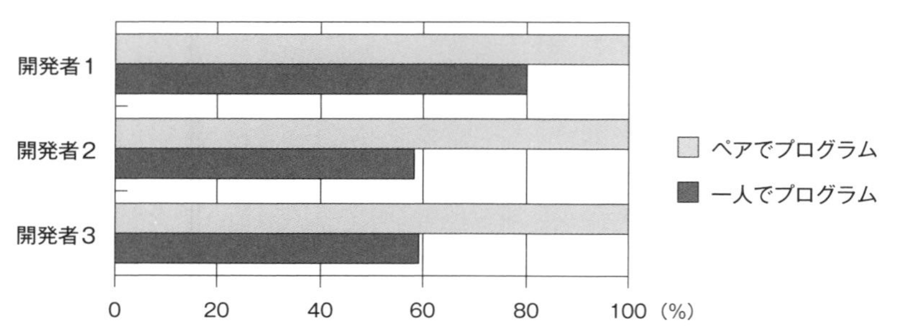

図8.4 ペアプログラミングと一人でのプログラミングでのプロジェクト完了時間の差

この結果をどう見るかもまたビミョウです、40%早いなら2人別々な仕事のほうが効率が高いという言い方もできます。Williamsは論文で2人で作ったほうが質がいいのだから、この40%というのはとてもいい結果だと言っています。

ただこれもいつもというわけではなく、やはりケースによっては一人でプログラムしたほうが効率的でありソースコード品質も変わらないこともあります。Dybå [DYB07] は以下の表8.2のようなケースバイケースでペアプログラミングと一人での作業を分ける提案をしています、もっともなことだと思います。

表8.2 ペアプログラミング適用のためのガイドライン

開発者のレベル	タスク難易度	ペアプログラミング向き？
初級	簡単	YES
	難しい	YES
中級	簡単	NO
	難しい	YES
上級	簡単	NO
	難しい	NO

ペアプログラムはより複雑なシステムの開発などの場合に力を発揮します。逆にどーでもいい簡単なソフト開発で、かつそれを上級者が行う場合は一人で行うほうがよいです。そしてそれが初級者の開発者で行う場合はペアプログラミングのほうが効率的です。実はソフトウェアというのはシステムのすべてが複雑というのはありえません。ある部分は高いプログラミングスキルがいりますし、ある部分はそれほどいりません。個人的には難しい部分は熟練のプログラマに一人でやらせ、簡単な部分は新入社員のような開発者にペアプログラミングでやらせるのがいいのではと思っています。

ソースコード書くのが早けりゃいいかっていうと、そうではありません。品質の高いソースコードである必要があります、もちろん。

ペアプログラミングは確実にソースコード品質を上げます。Dybå [DYB07] が11の研究論文を調べたら、すべてにおいてペアプログラミングはソースコード品質を上げているという結果を出しています。

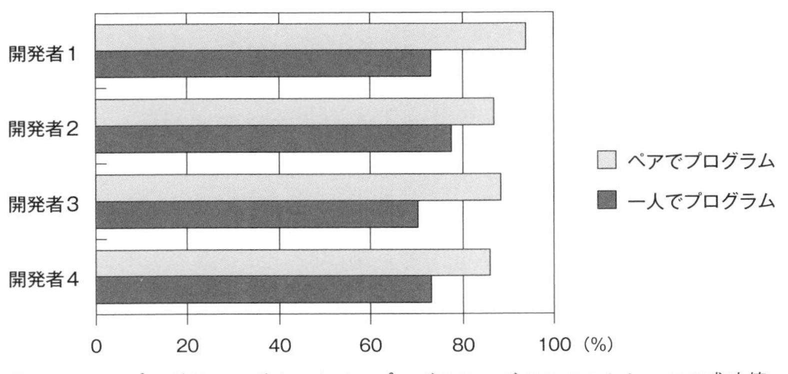

図8.5　ペアプログラミングと一人でのプログラミングでのテストケースの成功値

図8.5のグラフ [WIL00] でもわかるように、ほとんどのケースでペアプログラミングを行ったほうが、テストのパス比率が高いです。この結果は当分の間ひっくりかえらないと思われるので、品質重視もしくはアジャイルでの開発の製品はペアプログラミングを積極的に採用すべきだと筆者は考えます。

最後にペアプログラミングは幸せになるという結果がちょっと出ています。なんとWilliams [WIL00] の調査によると96%の開発者がペアプログラミングのほうが、一人でプログラミングするより幸せだと感じているそうです。まあ常に孤独なソフトウェアエンジニアなので、そういう結果もありえるかなーとちょっと思ってしまいます。

賛否の分かれるペアプロですが、確実に言えることは複雑な製品 [SUN16]（コードも含む）の場合は効率および品質の向上が望めるので試すべき手法だと思います。

筆者は多くのコンサルを通じて、非常に複雑で汚いコードをたくさん見てきました。なぜここまでほっておくのであろう？　といつも不思議でした。そしてその場所からバグが出るのをチーム全体で見ないふりをしているケースはたくさんあります。もちろんそこのコードは変えなきゃならないのですが、変えればバグが出ます。日本人は優しいですから、その場所からバグが出てもその変更した人を責めたりしません。しかしそんなことを長い間何回も続けるより、少なくとも2人でその複雑なコードをどうバグの出ないコードに修正するかを悩むのは悪い活動ではないと思うのですが。

統合テスト

「単体テストが終わった！」——しかしシステムテストに入るのはまだ早いですよ。単体（たいてい関数単位）でしか品質が担保されていません。統合テスト※1のやり方は、組織によって考え方が分かれます。

9.1 統合テストのパターン

筆者の経験では、単体テストをしっかりやった後の統合テストのパターンとして大きく3つのパターンがあります。

- **単体テストと探索的テストをやり、統合テストとシステムテストはやらない**
- **単体テストをやり、統合テストもしっかりやる。さらにシステムテストもやる。品質重視パターン**
- **単体テストをやらず、統合テストとシステムテストをやる。日本的な後半重視パターン**

どのパターンを選択するかは開発組織において、与えられた時間と予算を鑑み、最適解を目指せばよいでしょう。

※1　統合テストのやり方もまた、ISTQBやISOでの定義は不明確である。本章では筆者の統合テストのやり方をおすすめするが、それが決定的なすべてではない。

図9.1は、標準的な統合テストのアプローチです。最善ではありませんが、**大きな統合テストでの活動を設定し、単体テストやシステムテストを省く**という統合テスト重視の手法もあります。あまりこれをやっている組織はありませんが、実はけっこう有用だったりします(本書の一貫した主張からは矛盾しますが……)。

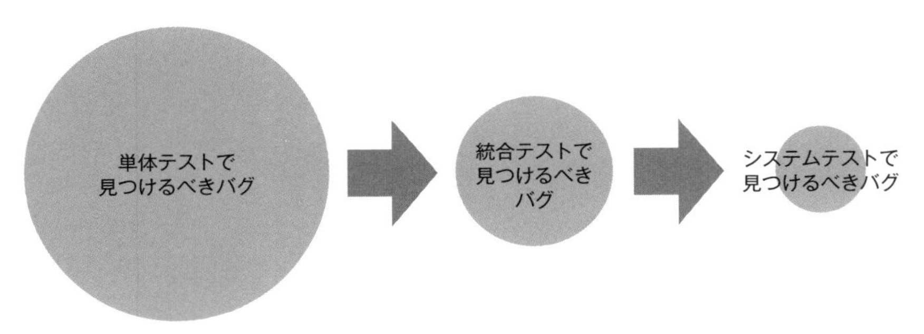

図9.1 統合テストアプローチ

9.1.1 統合テスト重視の実例

20年のテストコンサル経験の中で、この統合テスト重視の実例は3例しかありませんが、3例ともなぜだかプロジェクトとしてすごくうまくいきました。

その中の1例を説明します。そのチームは以前の製品でバグに悩んでいました。特にアーキテクチャを考えなかったため、開発者がただ思うがままにコードを書いており、システムテストフェーズで単体テストでつぶすような単純なバグが多く出ていました。

システムテストで多くのバグが出るのは、ソフトウェアを管理する立場としては非常に注意しなければならない兆候です。当然、出荷後に致命的なバグが出て、担当エンジニアたちは会社から評価されず、最悪のボーナス額でした。

次のバージョンでは、チームメンバーなりに考え、少々乱暴ですが、ぐちゃぐちゃだったソフトウェアアーキテクチャをアプリレイヤ（ほとんどGUI）とミドルウェアレイヤ（GUIから呼ばれるAPI群）に分ける変更をしました（図9.2）。

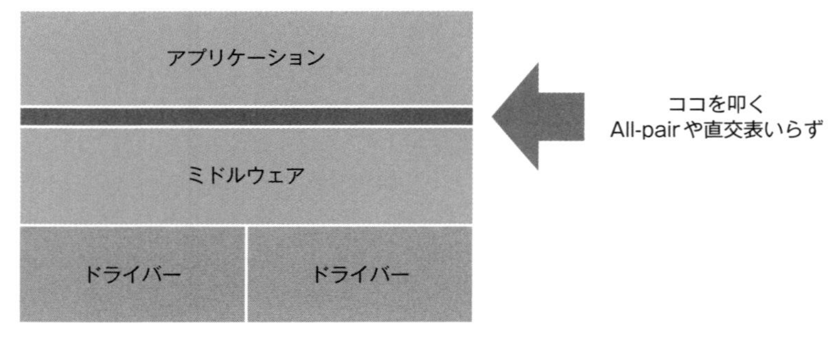

図9.2　少し乱暴だけど、統合テストのしやすいアーキテクチャ

そして、そのミドルウェアレイヤに対してAPIテストをして、徹底的にミドルウェアから関数を叩き（実行し）ました。APIテストで徹底的に関数を叩くのは、実は技術的に難しいことが1つあります。関数を呼び出しても、エラー処理ですぐ弾かれてしまうという点です。Pre-conditionという事前状態を適切に処理しなければ、関数の内部までテストができません。

当然ですが、その関数を使うには、たとえばハンドラーなど他の関数を呼ばなければなりません。そのチームでは、単体の関数を呼ぶ際に他の関数との依存関係をできるだけ最小にするように設計しました（図9.3）。

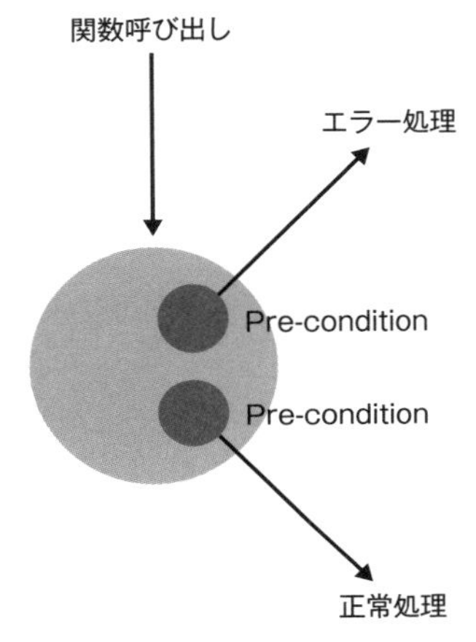

図9.3　Pre-conditionテストアプローチ

APIテスト（統合テスト）をするうえで、Mockやらstub/driverやらを用意するのは実にメンドウなものです。そのメンドウは、いざAPIテストをしようと思ったときにたいてい露見します。しかし、**設計段階でほんの少しの工夫をするだけで、APIテストは簡単に実行できます。**チームとしての満足感も上がりますよ。

- **UIに一番近いレベルでテストができるので、品質の安定性が実感できる**
- **GUIベースのテストではないので、テストスクリプトのメインテナンス性が非常に高い**
- **GUIベースではないので、非常にテスト実行スピードが速い。チェックインごとにすべてのテストケースを実行することも可能。メインテナンスコストが安いということは、スクリプトが途中でスクリプト自身のバグによって止まることが非常に少ない**

9.2 APIテストとAPIバグ密度の考え方

統合テスト（APIテスト）をする場合、どういうふうにやればよいのか、どこまでやれば完ぺきなのか、という疑問がわくでしょう。しかし、業界標準も学会の規定もないので、自分たちで決める必要があります。

筆者は、**APIに入力パラメータがある場合は、そのパラメータに対して境界値テストをして、できればそのAPIを様々な形で叩き、状態遷移まで網羅できれば完ぺき**と考えます（図9.4）。

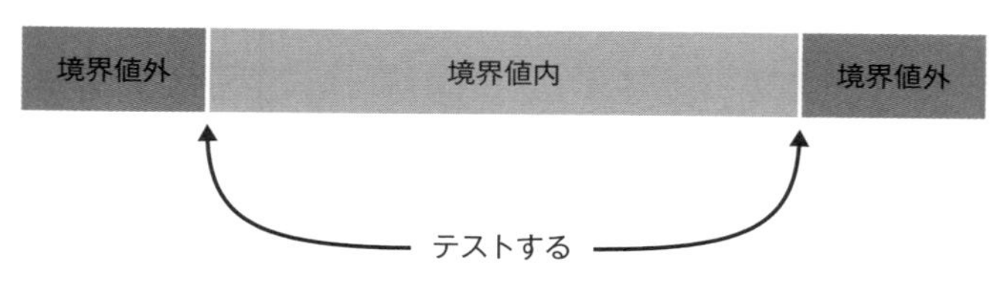

図9.4　APIテストでの境界値テスト

本質的には単体テストと変わらないかもしれませんが、統合テストでは網羅率を計測しないことも選択でき、網羅工数も削減できます。また、状態遷移テストも追加され、よいことずくめです。

コード網羅率を追加しない代わりに、どのくらい境界を網羅したかを計測することをおすすめします。

たとえば、以下のような関数があったとします。

```
int Music_Play(int, int, int)
```

- **1番目のintには、整数（1-127）が入力可能**
- **2番目のintには、整数（1-127）が入力可能**
- **3番目のintには、4つの選択肢のうちの1つの定数（整数）が入る**

それらの入力可能な整数、定数以外の値が入ったら、関数はエラーで処理を返します。

リスト9.1　関数のテストケース

```
int Music_Play(int, int, int);  // <- 2 Boundary for valid and invalid
int Music_Play(int, int, int);  // <- 2 Boundary for valid and invalid
int Music_Play(int, int, int);
    //   <- 4 Boundary ENC_AAC; ENC_MP3; ENC_PCM, invalid
```

1番目のパラメータには、最小値と最大値の境界値である0, 1, 127, 128の4つのケースを入れます。4パターンのテストケースです。

2番目のパラメータも同様に、最小値と最大値の境界値である0, 1, 127, 128の4つのケースを入れます。4パターンのテストケースです。

3番目のパラメータには、4つの選択肢の定数を入れ、さらにその4つ以外の定数（無効な値）を1つ入れます。5パターンのテストケースです。

全部足すと、4＋4＋5＝13パターンです。**API網羅率**は筆者独自の用語ですが、13パターンのうち、3つのテストケースを実行したら、勝手にAPI網羅率23%（3/13）と言ったりしています。このAPI網羅率は論理的ではないかもしれませんが、実務で十分使用できると筆者は考えています。

いまだ日本の組織には、組み合わせテストと称して膨大な数のシステムテストをやっているケースがありますが、**システムテスト自体の組み合わせテストは、対コスト面でまったく無意味です。**しかし、**APIテストならば、多少なりとも組み合わせテストをやることは許容できます。**なぜなら、数字の組み合わせをする処理をほんのちょっと入れるだけで、高速なAPIの組み合わせテストができてしまうからです。

9.3 カオスエンジニアリング

カオスエンジニアリング［PRI18］［BAS16］という言葉を聞いたことがありますか？　簡単にいうと、システムのプロセスやらCPUやら、仮想マシンやらをランダムに止めたりして、システム全体が致命的な状態に陥らないようなシステム設計をするためのツールです。

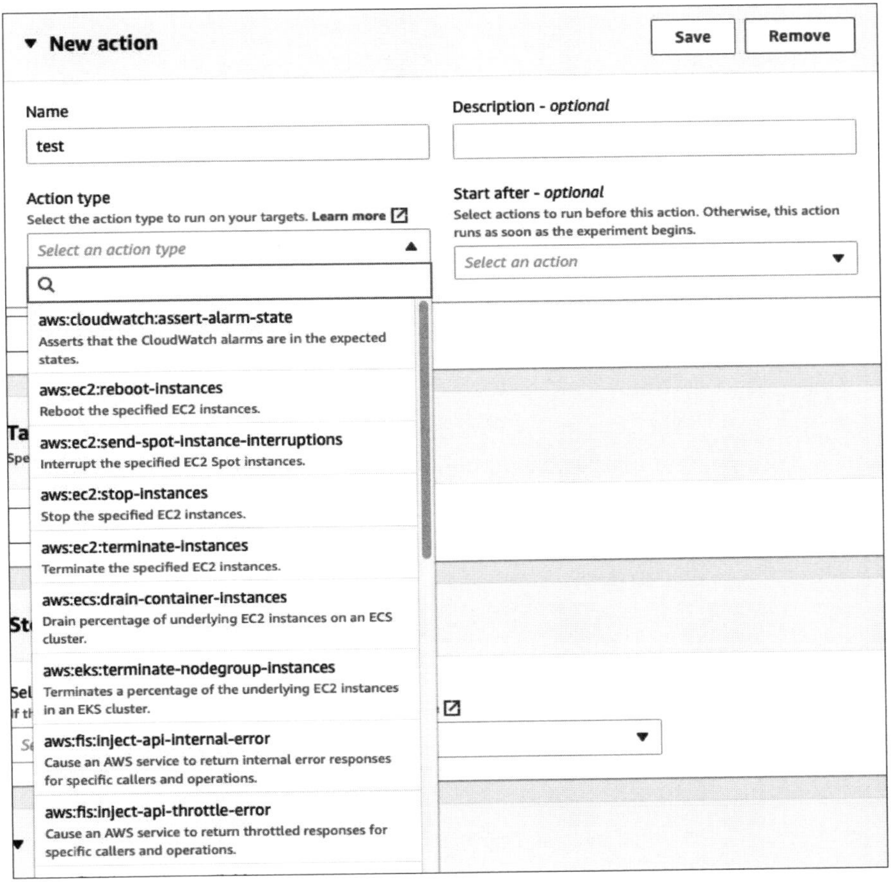

▼ New action

Save Remove

Name

test

Description - *optional*

Action type

Select the action type to run on your targets. **Learn more**

Select an action type

Start after - *optional*

Select actions to run before this action. Otherwise, this action runs as soon as the experiment begins.

Select an action

aws:cloudwatch:assert-alarm-state
Asserts that the CloudWatch alarms are in the expected states.

aws:ec2:reboot-instances
Reboot the specified EC2 instances.

aws:ec2:send-spot-instance-interruptions
Interrupt the specified EC2 Spot instances.

aws:ec2:stop-instances
Stop the specified EC2 instances.

aws:ec2:terminate-instances
Terminate the specified EC2 instances.

aws:ecs:drain-container-instances
Drain percentage of underlying EC2 instances on an ECS cluster.

aws:eks:terminate-nodegroup-instances
Terminates a percentage of the underlying EC2 instances in an EKS cluster.

aws:fis:inject-api-internal-error
Cause an AWS service to return internal error responses for specific callers and operations.

aws:fis:inject-api-throttle-error
Cause an AWS service to return throttled responses for specific callers and operations.

図9.5　AWS上のカオスエンジニアリングツール

たとえばAWS上にはすでにこのカオスエンジニアリングツールは実装されており、割合簡単に実行できます。たとえば図9.5のようなツールで、asw:ecs:stop-instancesをアクションとして選ぶと、インスタンスを自動的に止めてくれたりします。

ミューテーションテスト（第13章を参照）がソースコードレベルで壊していたのを、今度はシステムレベルで壊します。たぶん読者の皆さんは、筆者と同じことを感じているかもしれません。今後のテストは品質を保証するというより、ぶっ壊してソフトウェアを保証するというスタイルにどんどん進んでいくかもしれません。今後のカオスエンジニアリングはあらゆるところを「ぶっ壊す」ことを目指しています。言い換えれば非機能テストに近づいています。たとえばCPUに負荷をかけるとか、ネットワークのスピードを少し落としてあげるとか。

厳密に言うとカオスエンジニアを説明することはシフトレフトにも、アジャイルテストにも関連ないかもしれません。しかし今後の中・大規模システムには必要なテスト手法です※2。

カオスエンジニアリングを説明するとき、いつも思うのはみずほ銀行はこういうことを考えてシステムを構築していたのだろうか？　ATMが障害が起こしたときに、システム全体が止まらないように。ハードディスクが物理的に壊れたときに、システム全体が止まらないように。筆者が思うに、みずほ銀行はそういったカオスな状態でのテストはせずに、古くからの膨大なテストケースを書いて、それが成功した失敗したというようなシステム開発およびテストをしていたのではないでしょうか？

※2　カオスエンジニアリングは単体だけで動くアプリには必要ないかもしれない。たとえばAndroidアプリとか。ただ、そのAndroidアプリがクラウドサーバーに接続すれば必要になってくるだろう。ソフトウェアは肥大化し、複雑化は避けられない。小さいアプリは少額のテストで、大きいシステムはテストの資源をたくさんつっこむというのが今後の傾向だと思う。たとえばソフトウェアのサイズが倍になれば、テストの資源を倍にするという方程式はあまり成り立たないような気がする。ソフトウェアのサイズが倍になれば、テストに必要な資源は4倍になるかもしれないというのは読者の方はわかってもらえると思う。そういう意味で、今後のソフトウェアテストにおけるカオスエンジニアリングは非常に重要だと筆者は考える。

古くからのシナリオテストは、

ユーザー登録シナリオテストケース1

- ステップ：
  1. ログインする
  2. ユーザー登録画面で、ユーザー登録をする
  3. 登録されたユーザーに対して、xxxをする
  4. 登録されたユーザーを削除する
- 期待結果：xxxがデータベース上で削除されてないことを確認する

みたいな一連のシナリオを多量にテストしたりします。そして市場バグが出たら、シナリオテストケースが足りませんね！　もっとテストケース追加しましょう！　みたいな話に陥る。現代の複雑で肥大化した不安定（クラウドやオートスケール）なシステムでそんなシナリオテストはやってられません。いかにして無限のシナリオを自動化して、全部網羅的にはできないにしろ、効率的に行っていくかを考えなければなりません。

本書では一貫して上流品質は大切である、丁寧に単体テストをすべきだと主張してきました。しかし実際にはそれでは足らない。その足らない部分をVモデルの主張するところの統合テスト、そしてシステムテストと階段を上がるように理論上はテストするべきかもしれません。しかしその理論を実践するには一般の企業ではお金も人員も足りません。

少し余談になるかもしれませんが、筆者は図9.6に示されるような考えを

勧めています。

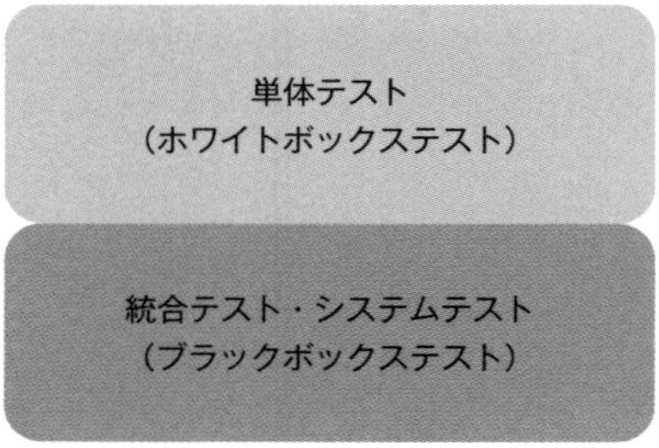

単体テスト
（ホワイトボックステスト）

統合テスト・システムテスト
（ブラックボックステスト）

図9.6　機能要求と非機能要求

統合テストとシステムテストという概念は一緒くたにしませんか？　単体テストにお金と人員をシフトしたら、統合テストとシステムテストを別々にやっている時間はありませんよね？

膨大なブラックボックステストが存在する中で、その一つ一つを検討し統合テストやシステムテストに割り振るにはあまりにもコストがかかりすぎます。それなら1つか2つのブラックボックステスト手法を選んで、最終工程のテストでやるのはどうでしょうか？　とも言っています。その最有力候補がカオスエンジニアリングです。

少しカオスエンジニアリングについて詳しく説明します。カオスエンジニアリングはNetflixによって考案されたテストとされています。その目的は、

- **Endineers shoud view a collection for services running in production as a single system.（エンジニアが様々なサービス実行状況を1つのシングルシステムとして見れる）**

- **We can better understand thes system's behavior by injecting real-world input (for example, transient network failure) and observing what happends at the system boundary.（本当の入力値（異常値）を入れることによりシステムの振る舞いが理解でき、システムの境界でなにが起こるかを監視できる）**

となっています。すでに現存するすべてのソフトウェアは複雑です。単一のソフトウェアとして見ることも難しい世の中です。それならばシステムの境界値を入れることにより、システム全体の振る舞いを見ることは非常に重要です。そうです、ある意味**境界値テスト**になります。

カオスエンジニアリングは、少なくとも筆者の経験から大きなメリットがいくつもあります。たとえばソニー時代にMicrosoft Azureの東京リージョンと大阪リージョンの両方が落ちたときがありました。Microsoftと大規模の契約をしたので、Microsoftが謝りに来ましたが、落ちた時間が数時間程度であったこともありビジネスには大きな影響はありませんでした。その頃震災があったので、震災対策で大阪と東京にリージョンを持っていましたが、やはり日本以外にもリージョンを持つべきだと思いました。たしかにネットワークのレイテンシーがその当時致命的な問題でしたが、それでも日本国内以外に持つことは重要です※3。

またMicrosoft USのExchangeチームでテスト担当者をやっていたときに、100人以上のテスト担当者が働いていました。複雑なサービスがいくつ

※3　レイテンシーが問題なら、レイテンシーを調整するようなカオスエンジニアリングのテストを行えばいい。

も絡み合い、依存性の強いシステムでした。ビルドができるたびにどっかのサービスがこけていて、システム全体が立ち上がらず、そういった調整に苦労した経験があります。そのときたしかにサービスを落としてテストする担当はいましたが（たしかExchange経由のメールが消えないことをチェックするという意味で)、100人の中で1人しかいませんでした。

Microsoft Exchangeより大規模なシステムは当然今後たくさん出てきます。こういったカオスエンジニアリング的テストのアプローチはミューテーションテストと同等に今後重要になってくるのではないでしょうか。

9.3.1 カオスエンジニアリングと品質&生産性

筆者は本書を通じて以下のような図を説明したいのかもしれません(図9.7)。マイクロサービスが流行っていますが、ソフトウェアを小さく分割して開発することは効率の面でも、品質の面でもメリットがあります。

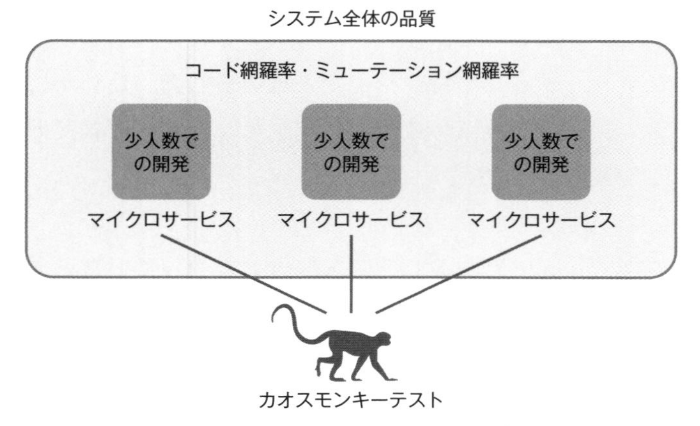

図9.7 アジャイル開発におけるシステムテストの姿

実際に小さいチームのほうが上流（コーディング工程）でのバグ検出率が高いです（図9.8）。

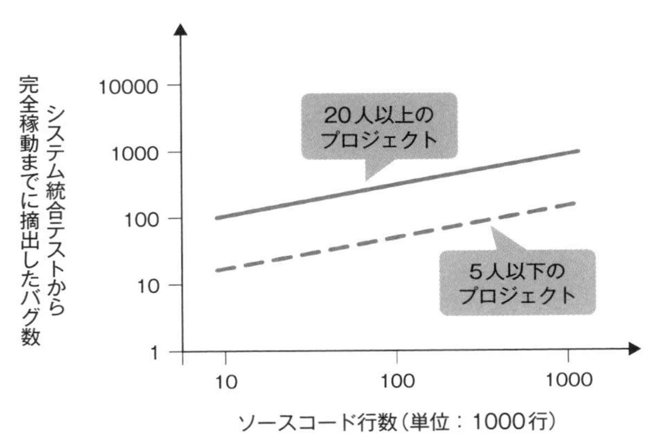

図9.8　プロジェクトの人数の増加と欠陥数

下記の図9.9のようにチームの人数が増えれば増えるほど、1人当たりの生産性が落ちてきます [LIT04]。

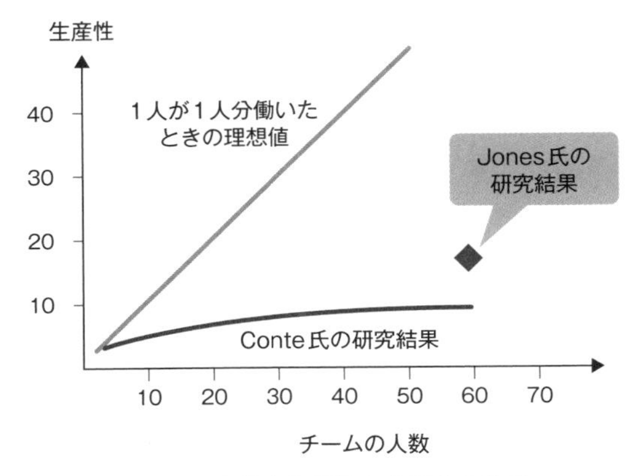

図9.9　チームの人数と生産性およびその効率

第1章で説明したアジャイルの本質をもう1回思い出してみてください。

- **不安定な状態を保つ（Built-in insability）**
- **プロジェクトチームは自ら組織化する（Self-organizing project teams）**
- **開発フェーズを重複させる（Overlapping development phases）**
- **マルチ学習（"Mutilearning"）**
- **柔らかなマネジメント（Subtle control）**
- **学びを組織で共有する（Organizational transfer of learning）**

すべてが小さいチームで、自発的に開発することがアジャイルの本質の1つです。その個々のチームがマイクロサービス単位とイコールならば、さらに良いです。個々のマイクロサービスが、そのチームによって品質が担保され、往々にしてチーム間のコミュニケーション（人という意味および、マイクロサービス間）のまずさからバグが生み出されますが、それをカオスエンジニアリングで担保すれば品質の多くの部分が保証されるのではないでしょうか。

10

システムテストの自動化

本章のテーマは、システムテストの自動化です。前章で**システムテストはなるべくやめて、上流でテストするのが善策**と述べました。筆者の主張の矛盾は重々承知のうえですが、日本の多くの組織ではシステムテストでさえ、マニュアルでやっているところがほとんどです。そのため、**単体テストの網羅率を計測しながら、軽い探索的テストで素早く出荷**という手法を最終的なゴールにするとしても、その1ステップとして**システムテストを自動化し開発スピードや品質を上げていく**のもやぶさかではないと考えています。

さらにやはり「システムテストの自動化を書いてほしい」という需要は多いので、矛盾しまくりな筆者の主張ではありますが、本章でシステムテストの自動化について書いてみたいと思います。

本来であれば、第9章でも見た図10.1のような進め方が理想です。はい、もちろん。

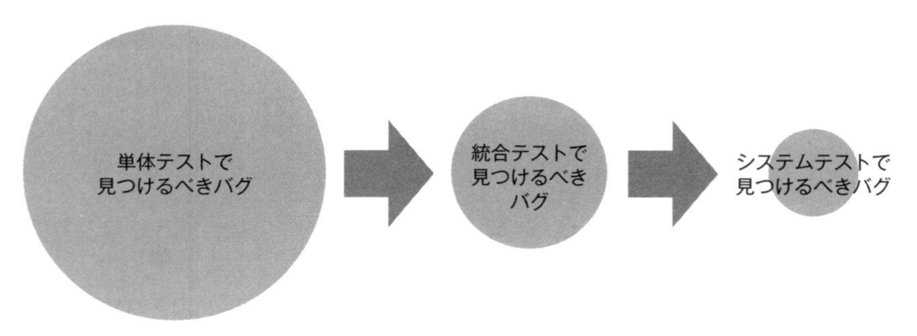

図10.1　理想的な自動テスト（再掲）

しかし、実際の現場では、（前章で書いたような）図10.2が現実なのかもしれません。

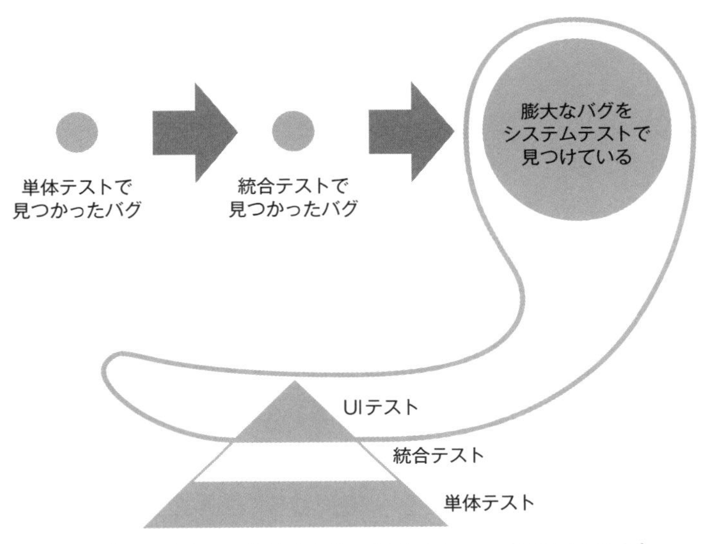

図10.2　残念な日本の典型的な自動化挫折パターン（管理職の妄想）

日本で「テストの自動化」と言うと、図10.2のようなやり方で、膨大なシステムテストケースを自動化しようとするアプローチです。それが成功しているとカンファレンスで発表する人もいますが、継続的に成功しているかというと甚だ疑問です。

実際、筆者が自動化のコンサルで呼ばれたときも、多くの顧客が図10.2のようなシステムテストケースを自動化しコスト削減したいと言います。うーむ……。

まあ、そういうアプローチも悪くはありません。お客様は神様ですし、高いコンサルタントのコストを支払ってくれます。しかし、「システムテストを自動化する」という本質的によくない選択をして、さらに悪いことに

「キャプチャー・リプレイ※1の自動化テストをしたい」と言い出します。

どうして最悪の自動化アプローチをとろうとするのでしょうか？　気持ちとしては多少わかりますが、「現場を知らない」「技術を知らない」中間管理職がソフトウェア品質を改善しようとすると、たいてい「システムテストの自動化」と「キャプチャー・リプレイ」を組み合わせてきます。

そんなとき、筆者はコンサルタントとしてどうするのか？　はい、その現場から逃げます。そういうプロジェクトが**うまくいく確率はゼロ%**なので。

10.1 最悪のシステムテスト

もうそろそろ、キャプチャー・リプレイの自動化やめませんか？

キャプチャー・リプレイの自動化とは、ユーザーの操作を記録して、それを再生する、GUI上での自動化テストのことです。なぜか日本では、こ

※1　キャプチャー・リプレイについては次節で詳しく説明する。

れが自動化テストのやり方として主流です。しかし、キャプチャー・リプレイの自動化は、**かなり愚劣なやり方**と言わざるを得ません。

キャプチャー・リプレイの自動化には、ユーザーの操作を記録・再生するキャプチャー・リプレイツールを使います。たとえば、

- **マウスでボタンを押す**　　　　：Button_Push, x=200, y=300
- **テキストを「aaa」と入力する**：Type, "aaa"

という感じで、ツールに「Button_Push, x=200, y=300: Type, "aaa"」と記録していく機能を持っています。記録し終わったら、それを再生させます。もちろん記録した直後ならば、同じようなテストを何千回・何万回と正確にやってくれます。

しかし、もしそのツールを使って自動化をして、その後、対象ソフトウェアのUIが変更になったら？　開発者がボタンの位置をx=200, y=300から違う位置に動かしたら？　そのスクリプトが100個あったら？(もういちど100回ユーザー操作しますか？※2)

図10.3は、Dorothy Grahamが定義したテスト自動化のレベルです。

※2　ツールメーカーも工夫して、「オブジェクトで登録する」などの機能を追加していますが、**キャプチャーを何度も繰り返さなければならない**という根本の解決には至っていない。今後この分野はAI（Artificial Intelligence）に期待するが、ここ数年でそれが実現できるとは思えない。

日本のほとんどの組織がまだこのレベル →

レベル ※再現性の低いものから順に	記述レベル	概要
Level 1	線形スクリプト	手動で作成するか、手動のテストをキャプチャーして記録する方法
Level 2	構造化スクリプト	選択と繰り返しのプログラミング構造を使用する方法
Level 3	共有スクリプト	スクリプトを他のスクリプトから呼び出すようにして再利用する方法。ただし、共有スクリプトには構成管理下にある公式なスクリプトライブラリが必要
Level 4	データ駆動スクリプト	コントロールスクリプトを使ってファイルあるいはスプレッドシートにあるテストデータを読み込む方法
Level 5	キーワード駆動スクリプト	ファイルあるいはスプレッドシートに、コントロールスクリプトまで含めたテストについての情報のすべてを格納してしまう方法

図10.3　Dorothy Grahamのレベル定義 [DOR19]

テストの自動化では、どんな自動化でも、**メインテナンスコストを最小限に抑える**ことが一番重要です。逆に言うと、最初にスクリプトを作るときにいくらかかっても、メインテナンスコストが安ければいくらでも自動化テストは再利用できます。

キャプチャー・リプレイツールは、初回のスクリプト作成コストは安いものの、その後の**メインテナンスコストは最悪**です。極論かもしれませんが、筆者はキャプチャー・リプレイツールで自動化するぐらいなら、**手動テストのほうがずっと安くつく**と考えます（図10.4）。

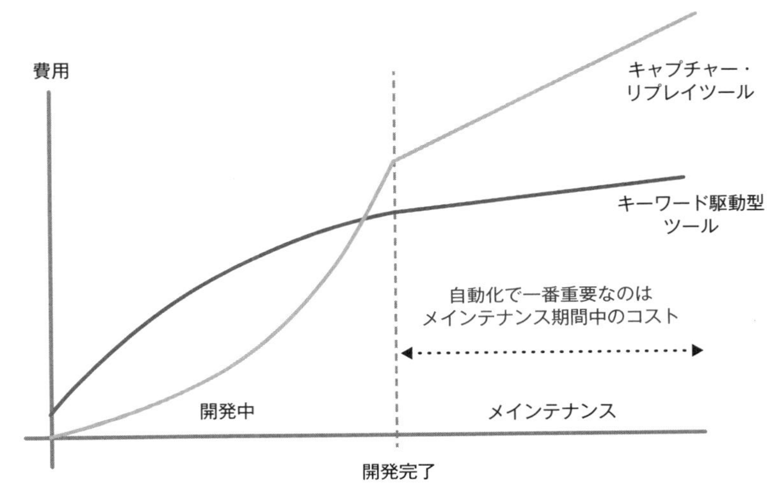

図10.4　キャプチャー・リプレイツールの問題点

キャプチャー・リプレイツールは、スクリプトのボリュームが大きくなればなるほど、メインテナンス性が悪くなります。それもそのはず、同じようなテストをするスクリプトでも、関数化せずにひたすらコピペするようなものだからです。なので、どんどんコピペが増え、UI変更を1箇所加えただけで、すべてのスクリプトが動かなくなることがあります。

繰り返しになりますが、単体テストでもシステムテストでも、自動化で一番考えなければならないのは**メインテナンス性**です。初回の自動化までのスピードやコストがいくら安くても、**継続して自動化ができなければ意味はありません。**

要は、多くのツールメーカーの宣伝、特にキャプチャー・リプレイの宣伝に惑わされ、最初は楽しいけど、だんだんつらくなっていく構図です。

10.2 キーワード駆動型自動テスト

キャプチャー・リプレイ型の自動テストは**最悪**と説明しましたが、本節ではシステムテストの自動化の**最良**の選択の1つである、キーワード駆動型のテスト手法を説明します。

キーワード駆動テストは、2つの属性を効率的に使います。1つはアクションワード、もう1つはデータです。簡単に図示すると、図10.5のようになります。

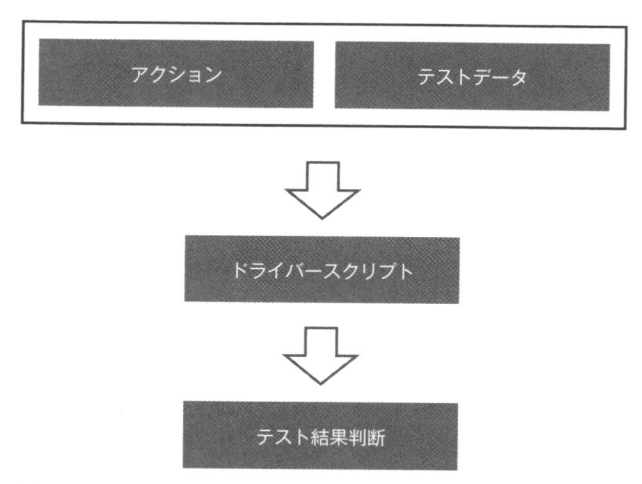

図10.5　キーワード駆動テスト

ポイントは、アクション（キーワード）とデータを明示的に分けて使うところです。アクションもテストデータも一度定義したら、**似て非なるものを作らないことがメインテナンス性を向上させます。**

たとえば、図10.6のようなUIをテストするとしましょう。表で整理する場合は表10.1のようになります。

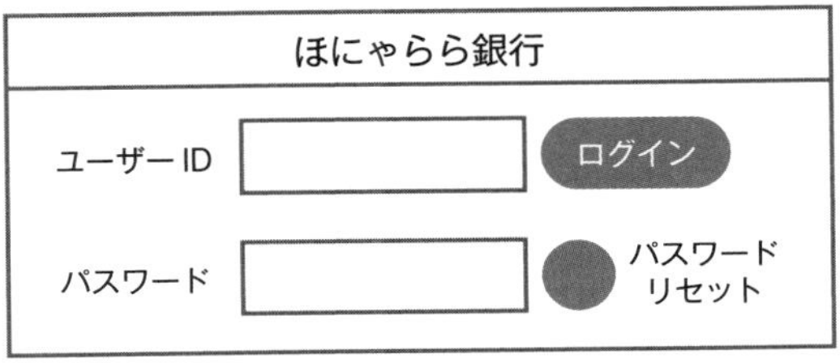

ほにゃらら銀行

ユーザーID		ログイン
パスワード		パスワードリセット

図10.6　キーワード駆動テストをするUI

表10.1　ログインテスト

アクション	データ（ユーザーID）	データ（パスワード）
ログイン	"juichi"	"pass1"
	"juichi takahashi"	""
	""	"あいう"
パスワードリセット	Don't care	Don't care

たとえば、Webアプリではログインが何十箇所も出てきますよね。しかし、そのログインスクリプトを、必ず1つのドライバースクリプトにまとめなければならないのがキーワード駆動テストです。繰り返しになりますが、キャプチャー・リプレイツールでは、ログインというアクションは何百箇所に分散され、UIが変更されるたびに余儀なく何百箇所の変更が発生します(図10.7)。これに対して、キーワード駆動テストでは1箇所の変更で済みます。

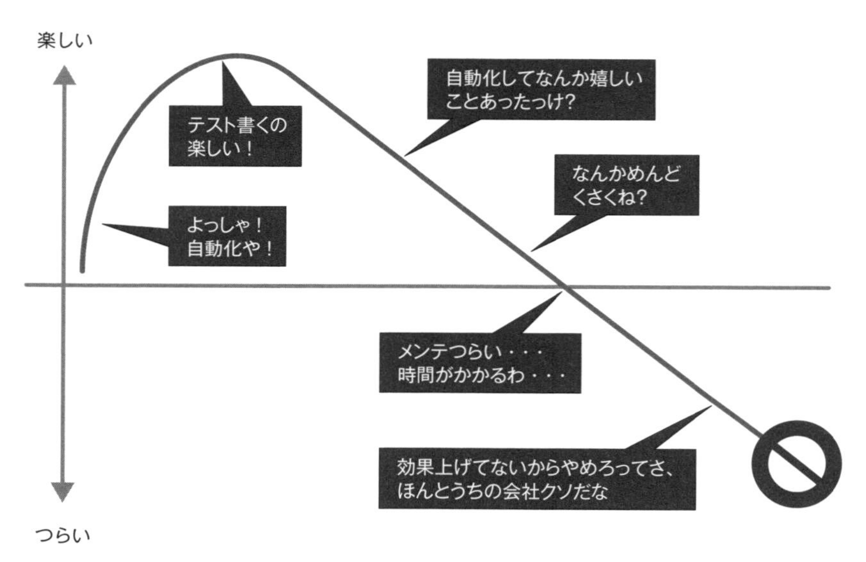

図10.7　自動化が継続されない典型的なパターン［ISHI14］

10.3 妄想な自動化

自動化の問題は、経営陣も巻き込むと、さらに複雑な状況、致命的でカオスな状況に陥ります。自動化ツールはかなり高価です。エンジニアのチームで、おいそれと買える値段ではありません。

しかし、現場を知らない経営者が、ある日突然（ほんと思いつきみたいに）テストコストを減らそうとします。「なんでこんなに人が必要なんだ。

自動化ツールがあるじゃないか。それ買って人件費減らせよ！」なんて命令が突然下ることはよくあります。気の弱い中間管理職はすぐに自動化ツールメーカーの営業を呼んで、デモしてもらい、なんの予備学習もなくツール導入を決めたりします（図10.8）。まあ、このようなケースがすごく多いのは期末の予算が余っているから、なんて安易な理由だったりします。

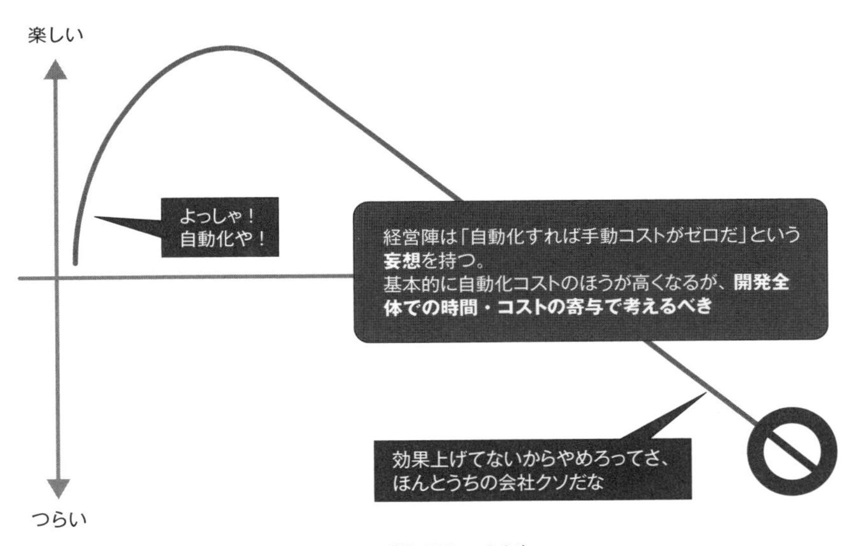

図10.8　典型的な自動化挫折パターン（管理職の妄想）

11

探索的テスト

本書はテスト担当者向けの専門書ではないので詳しく書きませんが、**探索的テスト**は単体テストを十分行った組織には非常に役に立つ手法です。探索的テストの定義は、以下のようになります。

ソフトウェアテストの1つのスタイル

- 個人に自由意志を持たせるとともに責任をより明確にする
  - 個人のテスト活動である
- 継続的にテスト活動を洗練させる
- 探索的テストは以下の活動を行う
  - テスト関連の学習
  - テスト設計
  - テスト実行
  - テスト結果を報告

はい、わかりましたねって感じではないですね……。まあ、ぶっちゃけて言えば、スキルのあるテスト担当者が責任を持って、テストケースを書かずに※1、テストの学習とテスト実行を高速に行う手法です。

筆者は、テスト全体に占めるテストケース作成・実行の度合いは**全システムテスト活動の80%を超える**のではないかと考えています。それを、要求仕様を完ぺきに理解したスキルのあるテスト担当者がやれば、10倍のスピードでできると信じています。

※1　ドキュメントをまったく書かないという意味ではなく、**テスト設計書は書く**。

たとえば、テストを協力会社に任せた場合にかかる費用が70万円と仮定します。その10倍のスピードでやるので、スキルのあるテスト担当者に1か月間任せると、700万円分のアウトプットが出ます。スキルのあるテスト担当者とはいえ、月の給与は700万を超えないので、非常にお得なテスト手法だと思いませんか？

余談ですが、探索的テストの提唱者は筆者の大学院時代の指導教官Cem Kaner博士です。

図11.1は第7章でも示しましたが、このように**Viewの部分は探索的テストをやり、テストを非常に短い時間で済ます**ことをおすすめします。ただし、それは**十分に上流での品質保証業務をやった組織に限ります。**

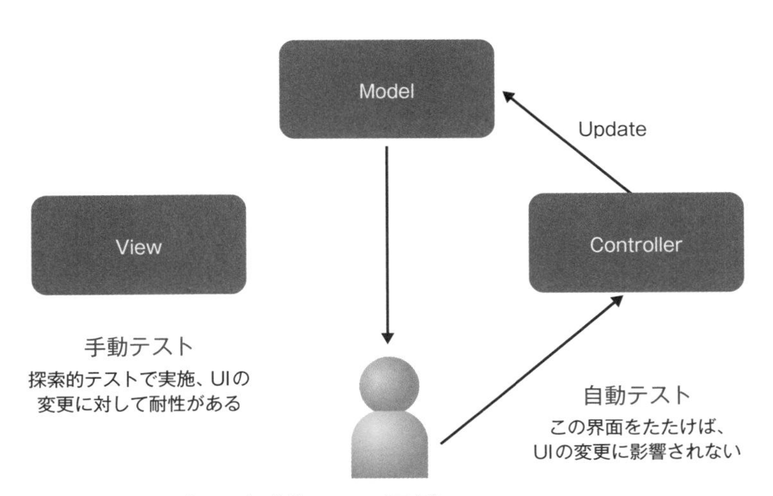

図11.1　Viewの部分は探索的テスト（再掲）

筆者は、以下のクライテリア（テスト条件）を十分網羅していれば、短い時間での探索的テストでシステムテスト工程を終わらせてよいと考えています。

- **コード網羅がおおむね、80%以上である**
- **網羅基準が分岐網羅である**
- **アーキテクチャがMVC分離されている**
- **各関数のMcCabe数が20以下であり、クラスメンバー関数の数が10以下である**
- **すべての要求仕様がレビューされている**
- **Race Condition（競合）のバグに対して十分対策がされている**

条件としてはやや複雑ですが、この条件を満たした場合には、探索的テストだけで出荷しても品質は問題ないと考えられます。そう、あなたを悩ませている**膨大なシステムテストのコストを1/10にできます。**

もちろん、現状の日本では、上記の基準を満たせる組織やチームは10%に満たないと思われます。しかし、ここで読者を喚起します！　上記の条件を満たせば、あなたの製品は最後の要求仕様を実装したら、簡易な探索的テストをしたあと数日で出荷できます。

膨大なテストケースを書く必要もないですし、外注にテスト要員をお願いする必要もありません。ステキな世界じゃありませんか？

先ほどの条件の1つに、

- **Race Condition（競合）のバグに対して十分対策がされている**

と書きましたが、いきなりRace Conditionという専門用語が出てきましたね。Race Conditionは日本語では「競合状態」です。典型的には図11.2のように、ある1つのデータに複数のタスクやプロセスやスレッドがアクセスできる状態のことで、そのタイミングによってはバグになります。ただし、たいていそのタイミングは簡単ではなく、図11.2の例でも次のように複雑です。

- **Task AがData（データ）に書き込むためにDataをロックしたときに、Task Bがアクセスしてデータの読み込みができない**
- **Task Bは、Task Aが処理を終わったあとにDataを読み込みに行くべきなのに、処理前に読み込みに行ってしまい、Dataがゼロで返ってきてしまう**
- **Task BがDataのロックを解除するのを忘れて、他のTaskがDataにアクセスできなくなってしまう**

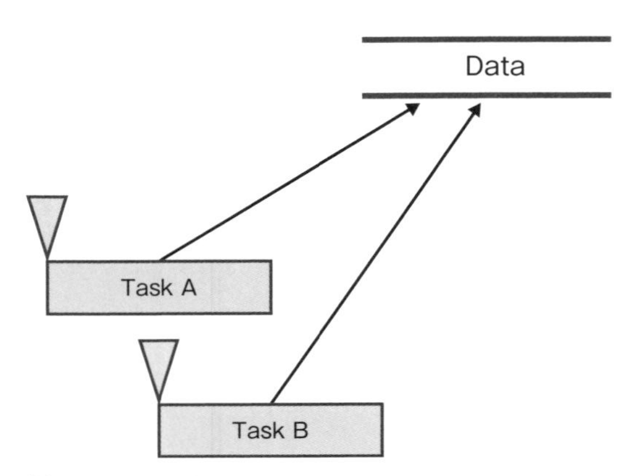

図11.2　Race Condition

Race Conditionの問題は、その機能品質が**テストではまず担保できない**ところにあります。図11.2のように2つのタスクがアクセスするだけならまだよいですが、現代のソフトウェアでは多くのプロセスやスレッドがデータを共有しています。典型的には、データベースを使うアプリなどはこういった問題を常に抱えています。

さて、ではどうやってRace Conditionの品質保証をしたらよいのでしょうか？　それは、**コードレビューしかありません。**簡単なバグなら静的解析ツールが見つけてくれますが、複雑な場合は見つけてくれません。

12

まとめ――テスト全体のデザイン

ソフトウェア全体をどうテストしていくかの設計やコンセプトはとても重要ですが、かなりの組織で間違っています。

単体テストで多くのバグを見つけることが重要と述べ続けてきました。しかし、多くのバグを単体テストではなく、システムテストで見つけようとすると、図12.1のようになり、たいてい最悪の結果になります。**はい！　致命的なバグが残ったまま出荷され、顧客に怒られます。**

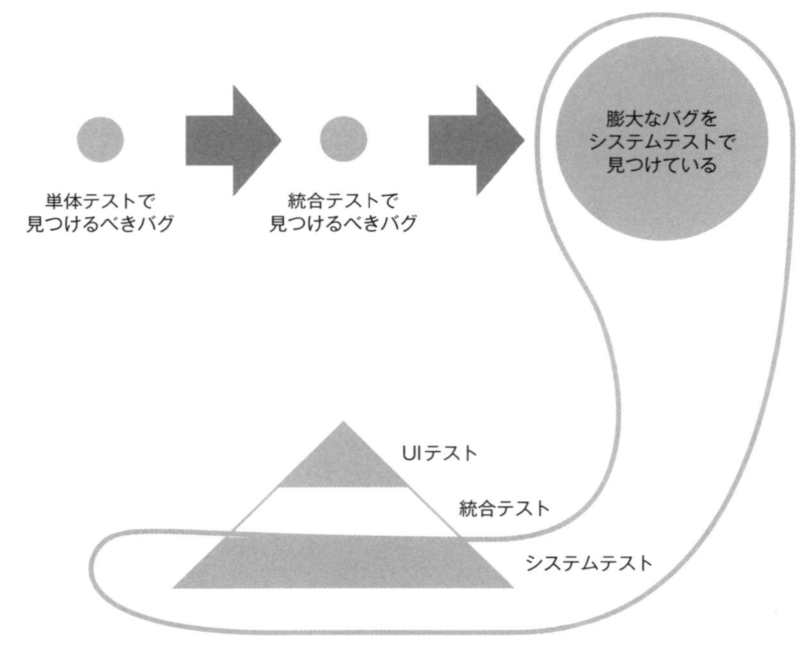

図12.1　バグを見つけるべき順序（間違っている組織）

また、単体テストは、スピードが重要であり、スピードが上がるテスト手法です。チェックインしたら、すぐに単体テストをして、バグが見つかるとすっごく嬉しいです。フルビルドせずに、**単体テストのためだけの小さいビルドと単体テストを短いサイクルで繰り返すべきです。** 第8章でも見ましたが、図12.2のように圧倒的なテストスピードです。

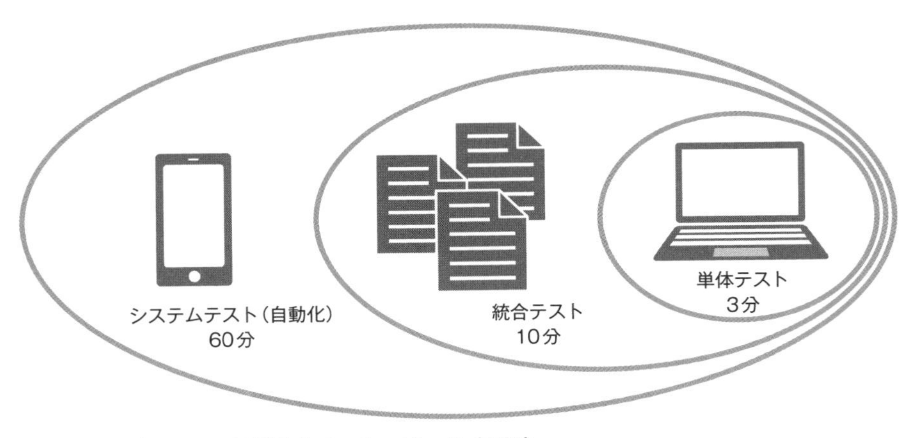

図12.2　単体テストの圧倒的なテストスピード（再掲）

12.1 単体テストなしで疲弊する組織

前節で説明した**単体テスト中心の開発スタイル**でなければ、確実に組織は疲弊していきます（図12.3）。

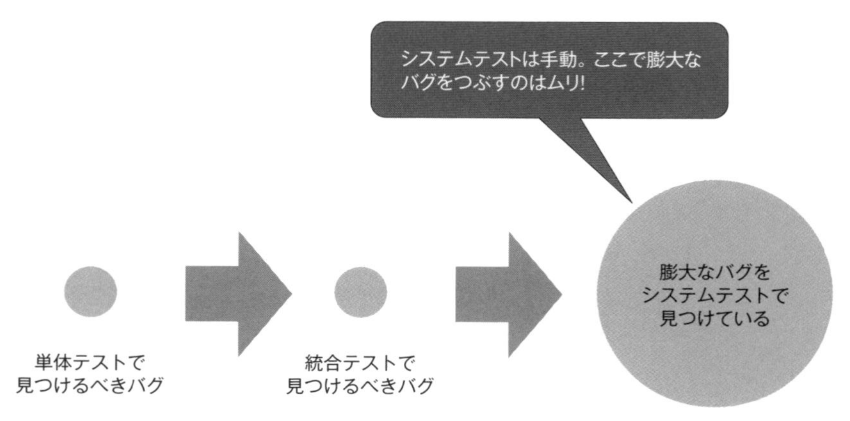

図12.3　バグを見つけるべき順序（疲弊した組織）

手動のシステムテストでバグを見つけ続けることのデメリットは数多くあり、確実に組織のモチベーションをむしばんでいきます。

- **同じようなテストを手動でやるので、テストエンジニアのキャリアパスが見えなくなり、誰も品質のスペシャリストになりたくなくなる**
- **同じようなバグを人間が見つけ、同じようなバグを開発者が修正する。バグの混入と、発見のタイミングがずれるので、バグの混入を防ぐ活動がしにくい**

13

アジャイル・シフトレフトのメトリックス

シフトレフトとアジャイルの世界では今まで使っていた品質のメトリックスを一度廃棄して、ゼロベースで考える必要があるかもしれません（今まで品質を一生懸命学んで来た人には酷ですが……)。

まずメトリックスという言葉を本章では使います。日本人にはあまり馴染みのない英語ですが、英語風に発音すると「メイトリックス」になります。読者は学者ではないため、正確に用語を理解する必要はありませんので、何らかの数値的、量的な指標と理解していただければと思います。本章は品質が良し悪しの判断は気分とかではなく、数値的な指標で判断しましょう！　という説明をする章です。

ウォーターフォール時代の品質はライフサイクルを通しての、要求からテストまでのVモデルに対する品質です。しかしアジャイルやらシフトレフトになると、コーディングと同時に品質保証になるわけですから、今までのメトリックスじゃ役に立たない。「品質はすべてのイテレーション終了後じゃないとわかりません！」なんてスピード感のないメトリックスではよい品質のものを効率よく作ることはできません。

アジャイルの品質保証については、というよりすべての品質保証はデータ（メトリックス）で判断すべきだと思います。

開発者の品質 フレームワーク	テスト担当者の 品質フレームワーク
開発者の具体的な作業指針 （上記フレームのブレークダウン）	テスト担当者の具体的な作業指針 （上記フレームのブレークダウン）

図13.1　アジャイル品質を支える4つのボックス（再掲）

もう1回、上記の図13.1を参照していただくと、どういう品質にしたいか・どういう定量的な品質ゴールをおくか、そしてその定量的な品質ゴールに対してどのようなテストを達成するかがアジャイルでの品質担保では重要だとわかります。本章ではアジャイルにおける定量的品質について説明をしていきます。

筆者が考える代表的なアジャイルに適合しうる品質メトリックスとしては、

- **コード網羅率（C0ではなくC1）**
- **ミューテーションテスト**
- **CKメトリックス**
- **Hotspot**
- **信頼度成長曲線**

のようなものが挙げられます。その他適用可能なメトリックスはあるかもしれませんが、適宜組織のアジャイル形態に合わせ取捨選択する必要があります（ちと無責任だがしょうがない）。幸い膨大なメトリックスの研究がウォーターフォール時代になされましたので、それを再利用するのもよい選択かと思います。

13.1 ミューテーションテスト

コードベースの単体テストの網羅率は重要なメトリックスになりますが、しかし網羅率にはいくつかの抜け道があり、そのメトリックスが不適切になる場合があります。

●網羅しているが、期待値をチェックしていない、もしくは甘い

現実的に、エンジニアが職業としてこんなことをやっていいのかという疑いがかかるような網羅戦略を行っている企業は、少ないとは思いますが存在します。医療や自動車等々のミッションクリティカルなソフトウェアでは条件分岐の網羅率を規定され、それを出荷基準としているものがあります。そしてある種のツールは網羅率100%にする単体テストを自動生成してくれます。言い方は悪いですが、そのツールを利用すれば労せず網羅率が100%達成されるのです。

あるいはソフトウェア品質の担当者が網羅率！　網羅率！　とうるさいからめんどくさいので期待値チェックをせずに単体テストをしている人もいる

かもしれません。またあるいは、これは正当な理由ですが、単体テストが網羅されているのになぜか致命的な市場不具合が出てしまうこともあります（例えばRace condition）。

そういった多種多様の単体テストをやっているのに品質の上がらない組織にはミューテーションテストはうってつけのテスト手法です。本章はメトリックスの章ですがミューテーションテストの説明を行います。矛盾しているようですが、単体テストの確からしさを計測する手法としてミューテーションテストと呼ぶことが多いのです。なので読者には申し訳ありませんがこのままミューテーションテストと呼んでいきます。ミューテーションテストの考案は1980年[OFF80]だと言われています。ほとんどのテスト手法が1970年、1980年代に生まれているのを見るとそれほど新しい手法ではありません。今までほとんど注目されなかったテスト手法ではありますが、今後注目されるテスト手法だと筆者は考えています。Googleでもかなり採用されているテスト手法のようです[PET18]。

13.1.1 ミューテーションテストの考え方

ミューテーションテストではまず単体テストケースを用意しなければなりません。残念ながら十分単体テストが書けていない組織ではミューテーションテストはできません※1。

※1 単体テストがどれくらい網羅すべきかは、常に企業におけるソフトウェア開発では問題になる。ミューテーションテストにおいても同様で、筆者はコンサルティングをやる場合は最低分岐網羅（C1）で80％は担保してくださいと言う。それでも20％部分は網羅していないので、20％部分にバグが仕込まれた場合はミューテーションテストとしては正常な状態ではない。なので95％より下の網羅率の組織は、コードを網羅していない部分にバグ（ミュータント）が仕込まれた場合の準備はしておくべきかもしれない。

まずミューテーションテストをする前に、すべての単体テストが通っていることを確認します（図13.2）。

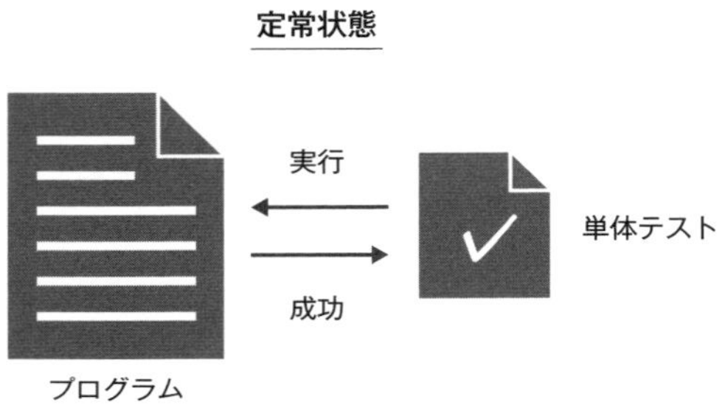

定常状態

実行

単体テスト

成功

プログラム

図13.2　定常状態

その後ミューテーションテストツールでミュータント（バグ）を仕込みます（図13.3）。

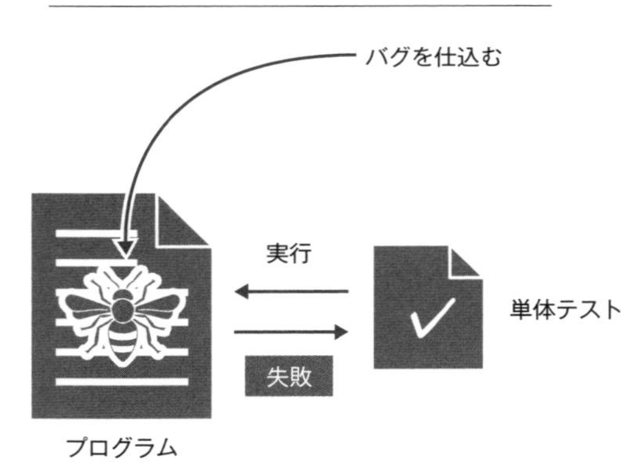

図13.3　問題のないケース

当然バグが強制的に仕込まれるわけですから、単体テストケース群の一部で、バグが報告されるわけです（図13.4）。ちゃんとテストが書けていれば。

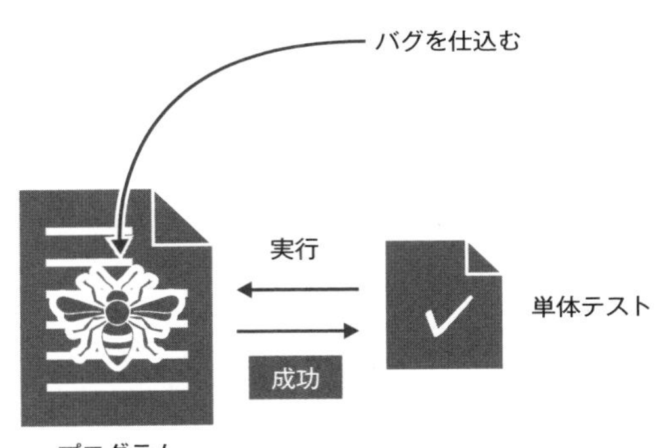

図13.4　問題のあるケース

しかし、あるケースではバグが報告されない場合があります。その理由としては単体テストケースが網羅すべきコードを網羅していなかった、もしくは網羅はしていたが期待値チェックをしていない等が考えられます。もし上記の問題のあるケースがあった場合は単体テストに不備があるので、単体テストを改善する必要があります。

13.1.2 ミュータントの中身

ミューテーションテストはある程度手練のテスト手法なので、今度は実際のツールの振る舞いを見ながら説明していきます。たとえば以下のようなシンプルなコードがあったとします。

```
if (a && b) {
    c = 1;
} else {
    c = 0;
}
```

上記のコードで単体テストをすべて実行するとパスします。でもひょっとしたら期待値をチェックしていないから成功なのかも？　と疑いたくなります。いちいち全部のコードで疑いをかけると開発者との人間関係は破綻するし、時間的にも許されません。そこでミュータント（作為的にコードを変更する）を入れます。たとえば以下のようなコードです。

```
if (a || b) {
    c = 1;
} else {
    c = 0;
}
```

作為的に&&を||に変更します。エラーのコードを入れるのですから、既存のテストコードの一部は失敗するはずです。あれあれ？　単体テストはあいかわらず100%パスしている。もしそういう現象があったなら、単体テストが何らかの形で適切ではありません。

次は実際にツールを使ってみましょう。本書はなるべくツールに依存する形で書きたくなかったのですが、ミューテーションの章だけはInttelJとミューテーションツールのPitestを使ってみます[PIT21]。

リスト13.1　テストするプログラム

```
package com.daisuzz.samplepitest;
public class FizzBuzzGenerator {
    public String generate(int number) {

        if (number % 3 == 0 && number % 5 == 0) {
            return "FizzBuzz";
        }
        if (number % 3 == 0) {
            return "Fizz";
        }
        if (number % 5 == 0) {
            return "Buzz";
        }
        return String.valueOf(number);
    }
}
```

上記は3の倍数や5の倍数を判定するプログラムです。このプログラムの結果は以下のようになります※2。

```
1, 2, Fizz, 4, Buzz, Fizz, 7, 8, Fizz, Buzz, 11, Fizz, 13, 14, FizzBuzz ……
```

上記プログラムをテストするテストコードは以下のようになります※3。

※2　紙面の都合上コンソール出力とは異なる形で書いている。

※3　いくつか説明に必要のない場所はサンプルプログラムとは違う形で書いている。

リスト13.2　テストコード

```
public class TestFizzBuzzGenerator {
    FizzBuzzGenerator fizzBuzzGenerator = new FizzBuzzGenerator();
    @Test
    public void returnFizzBuzzIfInputIsDivisibleByThreeAndFive() {
        int input = 30;
        String actual = fizzBuzzGenerator.generate(input);
//          assertEquals("FizzBuzz", actual);
    }
    @Test
    public void returnFizzIfInputIsDivisibleByThree() {
        int input = 6;
        String actual = fizzBuzzGenerator.generate(input);
        assertEquals("Fizz", actual);
    }
    @Test
    public void returnBuzzIfInputIsDivisibleByFive() {
        int input = 10;
        String actual = fizzBuzzGenerator.generate(input);
        assertEquals("Buzz", actual);
    }
    @Test
    public void returnNumberIfInputIsIndivisibleByThreeOrFive() {
        int input = 13;
        String actual = fizzBuzzGenerator.generate(input);
        assertEquals(String.valueOf(input), actual);
    }
}
```

テストケースとしては、

1. "30"（3と5の倍数）を入れて、"FizzBuzz"が返り値になること
2. "6"（3の倍数）を入れて、"Fizz"が返り値になること
3. "10"（5の倍数）を入れて、"Buzz"が返り値になること
4. "13"を入れて、そのままの値が帰ってくること

上記の4つです。はい、もちろんツッコミどころがあるテストケースですが、ツッコミを入れるのがミューテーションテストなので正しい例です。

リスト13.3　テスト結果

```
================================================================
- Mutators
================================================================
> org.pitest.mutationtest.engine.gregor.mutators.
EmptyObjectReturnValsMutator
>> Generated 4 Killed 3 (75%)
> KILLED 3 SURVIVED 1 TIMED_OUT 0 NON_VIABLE 0
> MEMORY_ERROR 0 NOT_STARTED 0 STARTED 0 RUN_ERROR 0
> NO_COVERAGE 0
----------------------------------------------------------------
> org.pitest.mutationtest.engine.gregor.mutators.
ConditionalsBoundaryMutator
>> Generated 1 Killed 0 (0%)
> KILLED 0 SURVIVED 0 TIMED_OUT 0 NON_VIABLE 0
> MEMORY_ERROR 0 NOT_STARTED 0 STARTED 0 RUN_ERROR 0
> NO_COVERAGE 1
----------------------------------------------------------------
> org.pitest.mutationtest.engine.gregor.mutators.
VoidMethodCallMutator
>> Generated 1 Killed 0 (0%)
> KILLED 0 SURVIVED 0 TIMED_OUT 0 NON_VIABLE 0
```

```
> MEMORY_ERROR 0 NOT_STARTED 0 STARTED 0 RUN_ERROR 0
> NO_COVERAGE 1
------------------------------------------------------------
> org.pitest.mutationtest.engine.gregor.mutators.MathMutator
>> Generated 4 Killed 2 (50%)
> KILLED 2 SURVIVED 2 TIMED_OUT 0 NON_VIABLE 0
> MEMORY_ERROR 0 NOT_STARTED 0 STARTED 0 RUN_ERROR 0
> NO_COVERAGE 0
------------------------------------------------------------
> org.pitest.mutationtest.engine.gregor.mutators.
NegateConditionalsMutator
>> Generated 5 Killed 4 (80%)
> KILLED 4 SURVIVED 0 TIMED_OUT 0 NON_VIABLE 0
> MEMORY_ERROR 0 NOT_STARTED 0 STARTED 0 RUN_ERROR 0
> NO_COVERAGE 1
```

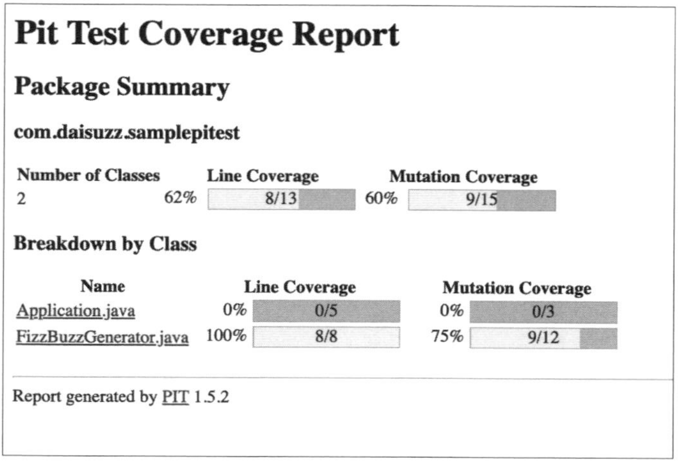

Pit Test Coverage Report

Package Summary

com.daisuzz.samplepitest

Number of Classes	Line Coverage		Mutation Coverage	
2	62%	8/13	60%	9/15

Breakdown by Class

Name	Line Coverage		Mutation Coverage	
Application.java	0%	0/5	0%	0/3
FizzBuzzGenerator.java	100%	8/8	75%	9/12

Report generated by PIT 1.5.2

図 13.5　テスト網羅リポート

上記がテスト結果になります（リスト13.3、図13.5）。Line Coverageは命令網羅※4で、どのぐらいの行数網羅できているかを表示します。

FizzBuzzGenerator.java

```
1     package com.daisuzz.samplepitest;
2
3     public class FizzBuzzGenerator {
4
5         public String generate(int number) {
6
7  4          if (number % 3 == 0 && number % 5 == 0) {
8  1              return "FizzBuzz";
9             }
10
11 2          if (number % 3 == 0) {
12 1              return "Fizz";
13            }
14
15 2          if (number % 5 == 0) {
16 1              return "Buzz";
17            }
18
19 1          return String.valueOf(number);
20        }
21    }
```

Mutations

```
7   1. Replaced integer modulus with multiplication → SURVIVED
    2. Replaced integer modulus with multiplication → SURVIVED
    3. negated conditional → KILLED
    4. negated conditional → KILLED
8   1. replaced return value with "" for com/daisuzz/samplepitest/FizzBuzzGenerator::generate → SURVIVED
11  1. Replaced integer modulus with multiplication → KILLED
    2. negated conditional → KILLED
12  1. replaced return value with "" for com/daisuzz/samplepitest/FizzBuzzGenerator::generate → KILLED
15  1. Replaced integer modulus with multiplication → KILLED
    2. negated conditional → KILLED
16  1. replaced return value with "" for com/daisuzz/samplepitest/FizzBuzzGenerator::generate → KILLED
19  1. replaced return value with "" for com/daisuzz/samplepitest/FizzBuzzGenerator::generate → KILLED
```

Active mutators

- BOOLEAN_FALSE_RETURN
- BOOLEAN_TRUE_RETURN
- CONDITIONALS_BOUNDARY_MUTATOR
- EMPTY_RETURN_VALUES
- INCREMENTS_MUTATOR
- INVERT_NEGS_MUTATOR
- MATH_MUTATOR
- NEGATE_CONDITIONALS_MUTATOR
- NULL_RETURN_VALUES
- PRIMITIVE_RETURN_VALS_MUTATOR
- VOID_METHOD_CALL_MUTATOR

図13.6　テスト結果詳細リポート（失敗）

ここではいくつかのテストケースの欠如が指摘されています（図13.6）。

※4　本書では一貫して分岐網羅を推奨しているので、本ツールの命令網羅の測定ではなく、分岐網羅をサポートするツールの使用を推奨する。

```
if (number % 3 == 0 && number % 5 == 0) {
    return "FizzBuzz";
```

たとえば、replaced return value with ""というミュータントとで、テストケースがうまくサポートされていないという警告が出ています。return "FizzBuzz"をreturn 0に変えてもテストケースはエラーを検出されていないことになります。テストプログラムを見てみると、

```
//        assertEquals("FizzBuzz", actual);
```

上記のverificationがコメントアウトされていますね。このコメントを外せばちゃんと全部成功するようになります（図13.7）。

FizzBuzzGenerator.java

```
1      package com.daisuzz.samplepitest;
2
3      public class FizzBuzzGenerator {
4
5          public String generate(int number) {
6
7  4           if (number % 3 == 0 && number % 5 == 0) {
8  1               return "FizzBuzz";
9              }
10
11 2           if (number % 3 == 0) {
12 1               return "Fizz";
13             }
14
15 2           if (number % 5 == 0) {
16 1               return "Buzz";
17             }
18
19 1           return String.valueOf(number);
20         }
21     }
```

Mutations

```
7   1. Replaced integer modulus with multiplication → KILLED
    2. Replaced integer modulus with multiplication → KILLED
    3. negated conditional → KILLED
    4. negated conditional → KILLED
8   1. replaced return value with "" for com/daisuzz/samplepitest/FizzBuzzGenerator::generate → KILLED
11  1. Replaced integer modulus with multiplication → KILLED
    2. negated conditional → KILLED
12  1. replaced return value with "" for com/daisuzz/samplepitest/FizzBuzzGenerator::generate → KILLED
15  1. Replaced integer modulus with multiplication → KILLED
    2. negated conditional → KILLED
16  1. replaced return value with "" for com/daisuzz/samplepitest/FizzBuzzGenerator::generate → KILLED
19  1. replaced return value with "" for com/daisuzz/samplepitest/FizzBuzzGenerator::generate → KILLED
```

図13.7 テスト結果詳細リポート（成功）

Active mutatorsはこのツールでどのミュータントをサポートしているかを表示しています。代表的なものをいくつか紹介すると、

● CONDITIONALS_BOUNDARY(Conditionals Boundary Mutator)

なるものがあります。たとえば以下のように書くべきコードが、

```
if (a < b) {
  // do something
}
```

開発者が間違って

```
if (a <= b) {
  // do something
}
```

上記のようなコードを書いてしまったとします。当然分岐処理を適切にテストする境界値分析をちゃんとして、テストケースを入れれば、ミューテーションテストは成功します。続いて

● Math Mutator(MATH)

ですが、たとえば以下のようなコードは、

```
int a = b + c;
```

以下のようなコードに変更されます。

```
int a = b - c;
```

13.1.3 ミューテーションテストの問題点

本節ではミューテーションテストについて解説しましたが、ミューテーションテストを実施するには、開発スキルが必須になります。現状の日本のテスト担当者の多くがコードを書けないことを考えると、かなりハードルの高いテスト手法かもしれません。また開発者に対してミューテーションテストが有用であることを適切に説明する必要も出てくるでしょう。

様々な理由からミューテーションテストは高価だとか、導入が困難だと言われています [JIA11] [ZHA19]。しかし多くの端折るやり方も存在するのも事実です [REA14] [ZHA19]。ミューテーションテストは非常にパワフルな手法です。非公式な方法でもどんどん端折る運用を適用しても良いと思います。

またファンダメンタルな問題に、ミューテーションテストではかなり誤検出が発生します。それをいちいち見ていかないと正しい結果になりません。たとえばエラー処理コードにミュータントを入れて、それがテスト失敗として警告されたとしても、その結果を見て開発者がソースコードを直すとは思えません。

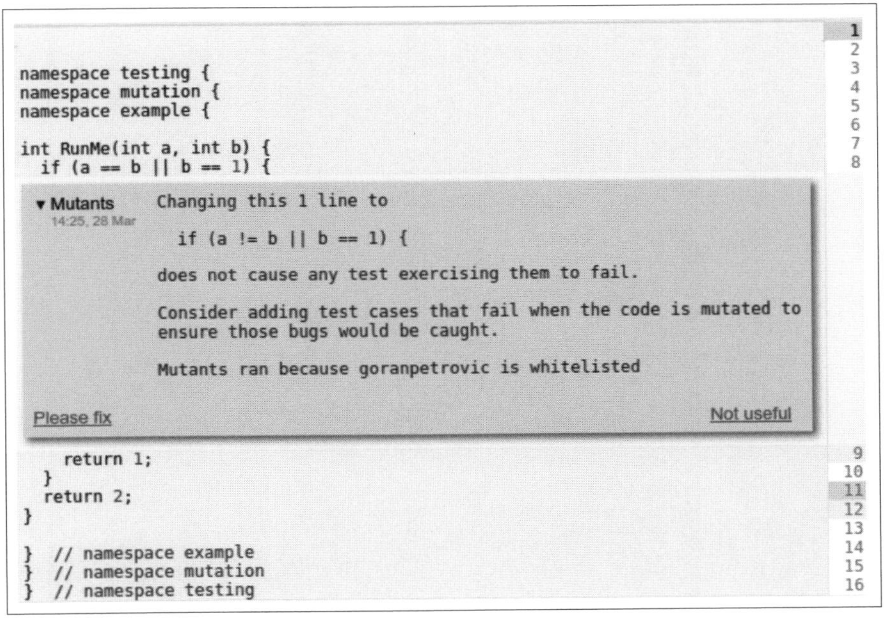

```
namespace testing {
namespace mutation {
namespace example {

int RunMe(int a, int b) {
  if (a == b || b == 1) {
```

▼ Mutants
14:25, 28 Mar

```
Changing this 1 line to

  if (a != b || b == 1) {

does not cause any test exercising them to fail.

Consider adding test cases that fail when the code is mutated to
ensure those bugs would be caught.

Mutants ran because goranpetrovic is whitelisted
```

Please fix　　Not useful

```
    return 1;
  }
  return 2;
}

}  // namespace example
}  // namespace mutation
}  // namespace testing
```

図13.8　State of Mutation Testing at Google [PET18]

しかし上記のようなレビューの仕組みを入れれば、開発者は少しはストレスなく協力的になるのでしょうか？　上記の右にはNot Usefulボタンがあり、ミュータントがあまり有用でなくて修正する必要がない場合は押せるような仕組みがあります。そうすれば次回からこのコードの部分はミュータントの生成をやめるような工夫ができます。

13.1.4 ミューテーション網羅率という考え方

ミューテーションテストをメトリックスの章に入れた都合上、その結果を数字で表さないとなりません。でもそれがとっても難しいのです……。理論的には、

$$網羅率 = \frac{テストされたミュータントの数}{生成できるミュータントの総数}$$

になります。問題点は生成できるミュータントの数がある意味無限大に近い数になることです。たぶん数学的には有限に落とし込むことは可能ですが、私たち実務にあたるエンジニアにとっては無限大と感じてしまうでしょう。

　たとえば、

```
return a + b;
```

のミューテーションテストをするときには、

```
return a - b;
```

```
return a * b;
```

```
return a / b;
```

```
return 0 - b;
```

```
retirm 0 + b;
```

等々、数十のミューテーションテストケースが考えられます。なので演算ベースのミュータントの生成はある程度絞った形で行う必要性があることは理解いただけるかと思います。

学術的にも適正なミューテーション網羅率はまだ研究途上であり、適切な網羅率に近づけるためのミュータント生成テクニックもありますが[USA10]、まだ実務の適応には少しハードルが高いかもしれません。ちょっと乱暴な言い方かもしれませんが、コードカバレジはプロダクト全体で厳格に、ミュータント網羅率は小さいグループ単位で適宜自由に決めてもいいかもしれません。

13.2 ユーザーストーリと信頼性メトリックス

ユーザーストーリはアジャイルにおいて重要な文書です。もちろんその文章は絶対テストに使うべきです。本節ではユーザーストーリからどのようにテストケースに展開し、その結果をどのようなメトリックスとして生成するかを説明します。

ここで初めに断っておかなければならないのは、本節はかなりディープな信頼性工学のアプローチを使います。もし読者が開発者で品質工学や信頼性工学の基礎知識がない場合は、できればチーム内の品質保証の役割の人と話し合いながらできれば紐解いていただければありがたいです。

13.2.1 オペレーショナルプロファイル

いきなりオペレーショナルプロファイルという概念について説明します。まあちょっと、え、突然？　となるかもしれませんが、順を追って説明したいと思います。

オペレーショナルプロファイルという概念はソフトウェアの信頼性工学の大家のJ. D. Musaという人が発案したアイディアです。J. D. Musa [MUS98] はすでに過去の人ですが……。直にチュートリアルを受け非常に優しい性格に感銘を受けたことがあるので、思い出すと少し悲しいですが……。というのはおいといて……。

オペレーショナルプロファイルは今では古臭い技術になりあまり使う人はいませんが、アジャイルの時代になり再考される技術だと筆者は思います。アジャイルではたくさんのユーザーストーリがあり、それをどうシステムテストに工学的に反映させていくかは大きな課題です。当然ユーザーストーリから探索的テストを行ってもいいですが、いかんせんちょっと数値を出すという面では探索的テストは弱い。

まあそうなると学問的に確立されている、メトリックスが信頼性という指標でとれるオペレーショナルプロファイルという概念は最適です（オペレーショナルプロファイルといういかつい名前だが、私たちがいい加減な感じで使うにはそれほど難しくない）。

オペレーション：あるシステムの状態から、次のシステムの状態に遷移させるオペレーション（Operation: a major system task performed for an initiator with control returned to the system when it is complete [so a new operation can start].) ※5

と定義されています。またユースケースと非常に似ているともMusaは言っています [MUS98]。ならば、ユーザーストーリとも似ていると言ったらそれほど怒られないと思うのですがいかがでしょう。

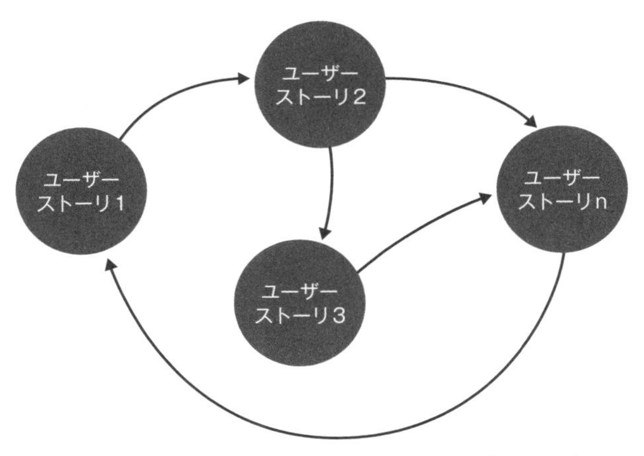

図13.9 ユーザーストーリとオペレーショナルプロファイル

たとえば図13.9を見てください。あるユーザーストーリ1があり、そこから2を実行して3を実行してnを実行して、ユーザーストーリ1が実行できる状態に移ります。いわゆるユーザーストーリベースの状態遷移テストになります。それを繰り返し実行し、多くの場合膨大な時間を実行し、どれだけバグが出たかを見れば、そのソフトウェアの信頼性は数値的に判断できます。

※5 英語からの正しい訳ではない。しかし後々のテスト手法を説明するのに便宜的に変えた。本質は捉えていると考えている。

13.3 信頼度成長曲線のメトリックス

信頼度成長曲線の説明は難しい（申し訳ありませんが）ので、ここも少し覚悟して読んでいただきたいです。前節で説明したユーザーストーリーベースのテスト（オペレーションプロファイルベースのテスト）をどのようにメトリックス化するかを本節では説明します。

まず日本ではほとんど信頼度成長曲線は正しく理解されず運用されてきました。たとえば以下のようなグラフ（図13.10）を作成して、「グラフは寝たから、そろそろ出荷しようか！」などと言っている人がいました。なんだその"寝た"っつのはー、とツッコミたかったのですが、まだ若かりし頃の日本の会社にいた私は言えませんでした……。さらに筆者の怒りに追い打ちをかけるように、「この曲線はロジスティック曲線※6かなー、ゴンペルツ曲線※7かなー」なんて言う上司がいたりして、その日の居酒屋での筆者のグチネタが決まったりしていました。

※6 人口増加等を予測する曲線。当然ソフトウェアのバグの数とはまったく関係ない。
※7 死亡率に関する曲線。当然ソフトウェアのバグの数とはまったく関係ない。

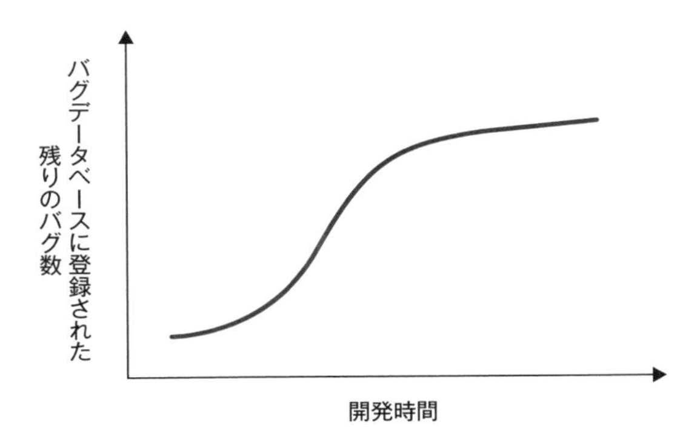

図13.10　旧来のウォーターフォールでの信頼度成長曲線

少ししつこく、ウォーターフォール時代の間違った信頼度成長曲線を説明しましたが、ここでまず正しい信頼度成長曲線を説明します。少し数学的要素が入りますがご容赦願います。

信頼性の本質は以下のような図（図13.11）で示せます。バケツ（ソフトウェア）の中にテストを開始する前はバグが5つあって、テストすることによりバグが4つ見つかりましたが、バケツの中にバグが1つ残ってしまいました。そのまま出荷したら、どれくらいの時間を操作したら再度バグに遭遇するでしょうか？　です。どれくらいの時間がいわゆるMTBF（平均故障間隔：Mean Time Between Failure）になります。

図13.11 信頼性の本質

ここで1つの解決できない問題が生じます。なぜなら信頼性工学ではバグは**有限**であり、ソフトウェアテスト技術においてバグは**無限**であるという矛盾があります。幸か不幸か1970年代にソフトウェアテストの基礎を作ったと言われるMyers [MYE79] が「プログラムのある部分でエラーがまだ存在している確率は、すでにその部分で見つかったエラーの数に比例する」とか、その後に続くテストの巨匠&恩師のCem Kaner [KAN99] が「バグを全部見つけるのは無理だと心得よ」なんて言ってしまうので、テストの人はバグの数は無限だと思い、信頼性の人はバグが有限だと思い、現代の混乱に続いています。

まあそういうことで、本章ではバグの数は有限という立場で述べます(他の章はバグの数は無限という立場で記述してあります、だってしょうがないんだよねー)。以下が信頼度成長曲線の基本の式です。ギリギリ高校の数学で習ったと思いますが。

$$m(t) = a(1 - e^{-bt})$$

ここで$m(t)$は時間軸に対する信頼性、aは期待するフォールト（バグ）※8の総数、bはバグの発見率※9です。たとえばユーザーストーリをある時間実行して（1つのユーザーシナリオではなく、なるべく全体のソフトウェアを網羅する形で）バグの発生が以下のように起こったとしましょう（表13.1）。

表13.1　サンプル信頼度成長

テスト実行時間（週）	発見されたバグの数
1	90
2	63
3	44
4	31
5	22
6	15
7	11
8	7
9	0

そんでもって信頼度成長曲線は以下のような図になります（図13.12）。基本的には毎週のフォールトをプロットして$m(t) = a(1 - e^{-bt})$の式を近似してあげればいいわけです。多少数学を駆使していただければ近似曲線を描けます。

※8　本書ではバグと統一したかったが、信頼性工学ではフォールトやfailureという表現が一般的なため、本章のみフォールトという表現を用いる。

※9　専門的な人のために。ここでのモデルは単位時間当たりの1個当たりのフォールト発見率を一定としている、いわゆるCFDR（Constanf Fault Detection Rate）。当然テストの過程でフォールト発見率は一定でないし、それをパラメータとして鑑みるのが信頼性工学だと考えられるが、まあ実務で普通のソフトなら一定で良しとしてもよいだろう、きっと。そしてこれを指数形ソフトウェア信頼度成長モデルという。

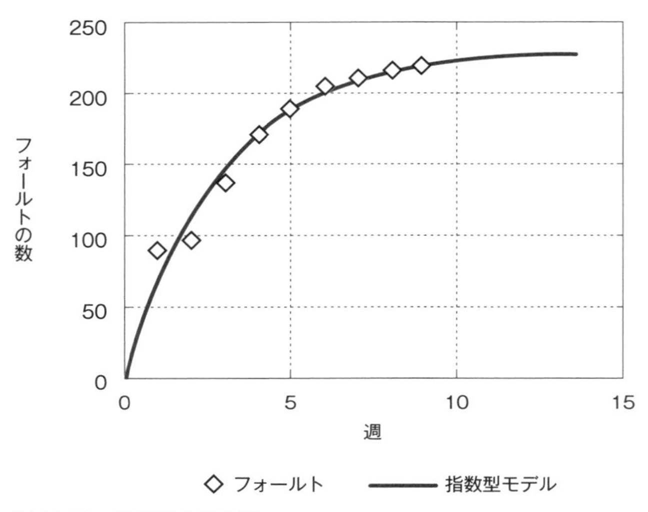

図13.12　信頼度成長曲線

計算過程で、このケースの場合あと10.3個ぐらい残りのフォールトがあり、次にバグが発見される平均時間（MTBF）は0.31週ぐらいと求めることができます。MTBFは2.17日（0.31週*7日）になるので、このまま出荷したら2.17日に1回何らかの問題が起こるのかー、でもこのソフトはユーザーは1日に1時間ぐらいしか使わないし、だいたいPCも毎日電源落として帰るから。MTBFは2.17日でいいやー、っていうような**ビミョウな工学的（?）なアプローチができるわけです。**

「実際の顧客が最も使うと思われるオペレーション（オペレーショナルプロファイル = ユーザーストーリ）をした際のMTBF」を信頼度成長曲線を描いて予測するという方法です。

たとえばイテレーションごとにこの信頼度成長曲線を書いていけば、最終的にどういうMTBFになればリリースするかといった定量的な基準を作ることができます。

1つ付け加えなければいけないのは、アジャイル開発では2週間などのイテレーションになります。品質をそれほど要求されないソフトウェアなら代表的なユーザーストーリを数時間流して、信頼性を計測すればいいですが、高信頼ソフトウェアをアジャイルで開発する場合は問題が生じます。2週間を超える時間でリブートなしに運用するようなサーバーソフトウェアなどは、イテレーションを複数回行ったあとにしか信頼性のメトリックスが算出できないのは致し方ないことになります。

Column

古きソフトウェア品質技術

J. D. Musaの概念は旧電話交換機での品質保証のために考案されました。2000年に入りソフトウェアが複雑になり、こういった古い概念は不要になるのかと思われたのですが、実はアジャイルで使えると思って使っています。ソフトウェア品質は1960年代から半世紀以上の研究の歴史があります。多くは現代では使えないと思われますが、いくつかは読者の現代の新しいアジャイルプロジェクトで使えると思っています。Cem Kanerの探索的テスト、J. D. Musaのオペレーショナルプロファイル（信頼性工学）。2つとも古い時代のコンピューティングに適応するための技術ですが、今のアジャイル品質の時代にはピッタリの技術です。異論はあるかもしれませんが、アジャイルはエンジニアの感覚知の総集編な気がします。全然間違いではない方向性ですが、特に品質に関する学術データの裏付けが少ないです、ウォーターフォールに比べて。ウォーターフォールを捨ててアジャイルに飛び込むのではなく、ウォーターフォールの知識を再適用しながらアジャイルとうまく付き合うのも手ではないでしょうか。

14

アジャイルにおける要求仕様

要求仕様はソフトウェア開発の根幹であり、その品質の多寡が最終成果物の品質に大きく影響を与えます。アジャイルが全盛になる前だとそういう説明でよかったのですが、アジャイル時代に要求仕様的なものはどういうふうに扱うべきなのか、アジャイルでは要求仕様という言葉は使わず、ユーザーストーリという言い方をします。

アジャイルソフトウェア開発宣言には、

包括的なドキュメントよりも動くソフトウェアを

と書いてあります。この一文が拡大解釈されアジャイルはドキュメントを書かなくていいというふうになってしまう風潮があります。しかしそれは違います。ドキュメントがウォーターフォールモデルと異なる形で書くことが推奨されているだけのことです。

要求管理の世界はアジャイルでは根本的には異なる。単純に言えば、一般的にアジャイル開発においてはこうした文章は存在しない

Dean Leffingwell [LEF10]

さてそれでは要求とストーリはなにが本質的に違うのでしょう。要求は必須のものですが、ストーリはよりよいプロダクトを作るための、プロダクトオーナと開発チームでの約束です。約束と言っても必ず守るものではなく、利益に変更があるならばそちらに方針を移します [LEF10]。

よいストーリは以下の基準を満たします。

- **ストーリは顧客と開発チームによって自然言語で書かれ、両者にとって理解可能である**
- **ストーリは短く簡潔で的を射ている。詳細な仕様ではなくむしろ会話の約束事である**
- **それぞれのストーリはユーザーが何かしらの価値を与えるものでなくてはならない**

ふむふむなんとなく理解できてきました。ユーザーストーリが初めて出てくるのはKent Beckの『XPエクストリーム・プログラム入門』なので、少し見てみます（図14.1）[BEC01]。

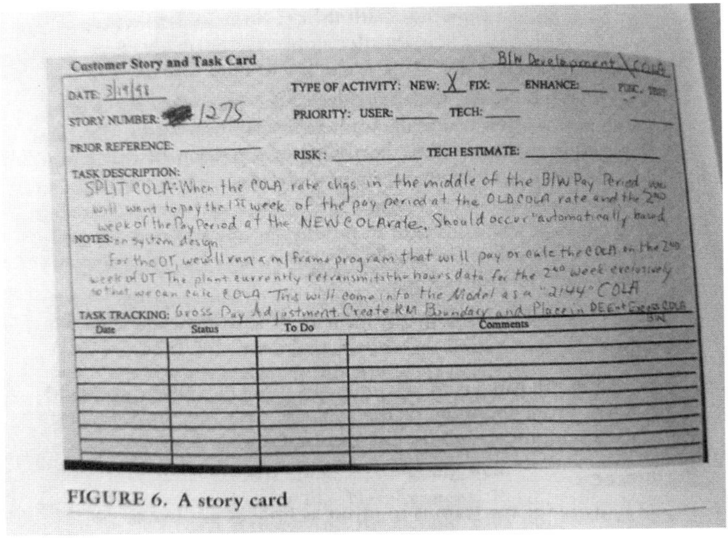
Customer Story and Task Card

B/W Development \ COLA

DATE: 3/19/98

TYPE OF ACTIVITY: NEW: X FIX: ___ ENHANCE: ___

STORY NUMBER: [redacted] 1275

PRIORITY: USER: ___ TECH: ___

PRIOR REFERENCE: ___

RISK: ___ TECH ESTIMATE: ___

TASK DESCRIPTION:
SPLIT COLA: When the COLA rate chgs in the middle of the B/W Pay Period we will want to pay the 1st week of the pay period at the OLD COLA rate and the 2nd week of the Pay Period at the NEW COLA rate. Should occur automatically based on system design

NOTES:
For the OT, we will run a m/frame program that will pay or calc the COLA on the 2nd week of OT. The plant currently retransmits the hours data for the 2nd week exclusively so that we can calc COLA. This will come into the Model as a "2144" COLA

TASK TRACKING: Gross Pay Adjustment. Create RM Boundary and Place in DEE+ Gross COLA

Date	Status	To Do	Comments

FIGURE 6. A story card

図14.1　Kent Beckのストーリカード

ここには、

- **ストーリ番号：1275**
- **アクティビティ種類：新規**
- **タスク：SPLIT COLA：2週間ごとの支払い期間中に変更された場合、1週目は古い価格で支払うが、2週目以降は新しいCOLAの価格で支払う。それはシステム設計上で実行され、自動的に支払いがなされる**

と手書きの文字で書いてあります。せっかくのKent Beckのユーザーストーリの例なのでもう少し読み解いてみましょう（オリジナルの原著を深追いすることは本質の理解を深めるので）。図にすると以下のような処理になります（図14.2、14.3）。

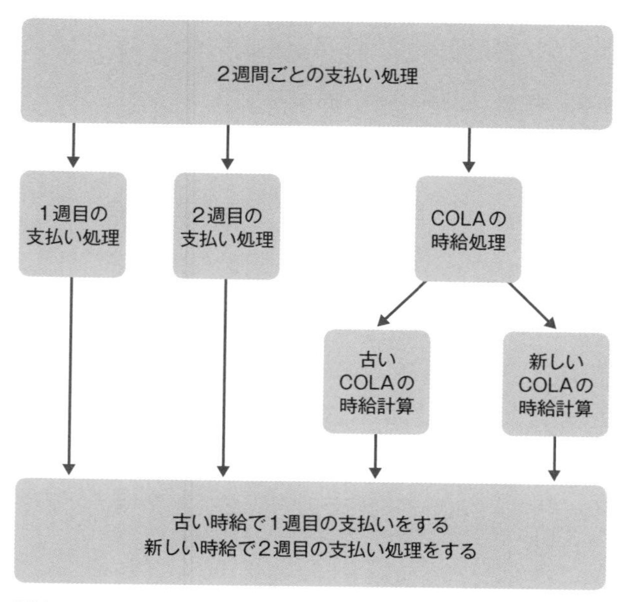

図14.2　Kent Beckのストーリカードの図 [SAS99]

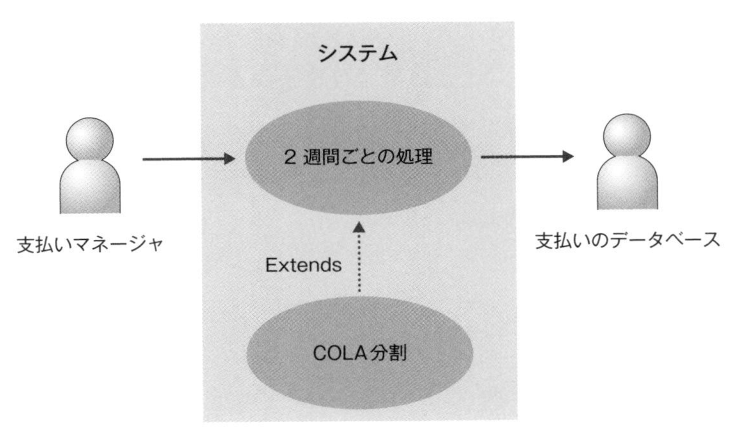

図 14.3　Kent Beck のストーリカード（ユースケース）

こう書くとアジャイルが要求ではなく、ストーリという形をとったのも納得いくのではないでしょうか？　またアジャイルは形式的なものを排除したので、要求データベースを使ってレビューワーがどうとかこうとかやる必要はありません。ポストイットを壁に貼り付ければいいのです。

少し意地悪な読者からこういう質問がくるかもしれません。「それでは非機能要求はどう記述するのだ」。

旧来の要求仕様なら「ボタンを押してから20msecでトップ画面が立ち上がる」と書くところでしょう。ユーザーストーリなら、「十分短い時間で立ち上がる」でよいのかもしれません。顧客がプロトタイプを見て、素早く立ち上がっていると感じていただければいいのですから。

ユーザーストーリの定義は重要なので、もう1つの定義を展開しておきます［LEF10］。

- 独立している（Independent）
- 交渉可能（Negotiable）←　ここは要求仕様とはかなり異なる。要求に関しては顧客とは交渉しないので
- 価値がある（Valuable）
- 見積もり可能（Estimatable）
- 小さい（Small）
- テスト可能（Testable）

アジャイルに関してテストしないなどの誤解がありますが、ユーザーストーリはテスト可能なユーザーストーリであるべきです。そうなった場合、イテレーションの終了までにすべてのユーザーストーリは終了させるというのが自然の理だと思いませんか？

14.1 ユーザーストーリの利点

アジャイル品質で重要なことは、開発者がイテレーションの中で実装するまっとうなユーザーストーリを書き、それをテスト担当者がイテレーション期間にチェックすることです

ウォーターフォールモデルにおいて要求の欠陥が出荷後に出ることによる大きな影響には長らく悩まされてきました。私のような品質の専門家にとって、要求のエラーは最悪です。もしそれが市場で発見されれば、膨大な損失になります。場合によっては損害は100倍にもなります（図14.4）。なので要求仕様はコストをかけて、よってたかってレビューするべきです。

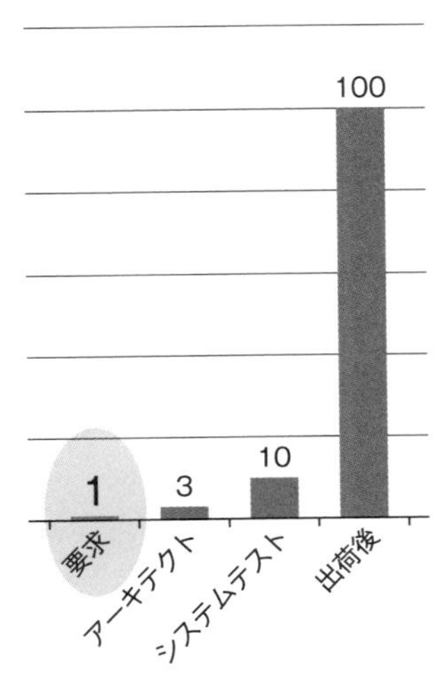

図14.4　ウォーターフォールモデルの要求バグの費用 [KAR14]

アジャイル開発の品質の問題点は多々あるかもしれませんが、ユーザーストーリを**イテレーションの終わった瞬間にステークホルダーと確認することは、なによりも素晴らしいことです！品質の専門家にとって。ウォータフォールの要求問題の呪縛から完全に解き放たれます。**

その1点だけでも品質の観点からアジャイルは採用されるべきかもしれません。

15

開発者テストの実サンプル

前章の第14章までは理論編でした。ここで筆を止めてもよいですが、単体テストを導入するうえでいつも「実際にどうやってやるの？」といった話が出てきます。システムテストなら「拙書の『知識ゼロから学ぶソフトウェアテスト』を読んで！」と言って、少しサンプルのテストケースを書いてあげればよいですが、単体テストはちとハードルが高いのです。そのため、どれだけ大変かを体現すべく、この章で実例を書きました。たしかに単体テストは大変ですが（特に個人の作業ではなく、組織に根付かせるのは）、ちゃんと単体テストをすれば、その大変な作業を大きく凌駕するメリット（下流工程でのバグの嵐を避けること）を享受できるはずです。

実サンプルのコードは、本当は言語非依存にしたかったのですが、結局Javaを選びました。もちろんPythonやC/C++でも書けますが、なんだかんだで単体テストが必要な開発で一番使われている言語はJavaですし、表15.1のようなデータもあります。もし読者が他のプログラミング言語を使っているのなら、その言語に読み替えてください。

表15.1 日本で使われている開発言語 [IPA20]

開発言語	第1回答 [件]	比率
a ：アセンブラ	1	0.1%
b ：COBOL	230	15.3%
c ：PL/I	4	0.3%
d ：Pro*C	7	0.5%
e ：C++	64	4.2%
f ：Python	4	0.3%
g ：C	105	7.0%
h ：VB	65	4.3%
i ：PHP	12	0.8%
j ：JavaScript	18	1.2%
k ：Ruby	2	0.1%
m ：PL/SQL	43	2.9%
n ：ABAP	2	0.1%
o ：C#	129	8.6%
p ：Visual Basic.NET	139	9.2%
q ：Java	612	40.6%
r ：Perl	1	0.1%
s ：Shellスクリプト	3	0.2%
t ：Delphi	6	0.4%
u ：HTML	5	0.3%
v ：XML	1	0.1%
w ：その他	55	3.6%
合計	1,508	100.0%

15.1 単体テスト

さて、まずはコードベースの単体テストを書いてみましょう。Javaを言語として選んだので、少しテストシステムが難しいAndroidアプリの単体テストを書いてみます。Androidではない、普通のJavaのサンプルコードならもう少し簡単なはずです。このコードは以下の環境で試しました。

- Android Studio 2021.1.1 Patch 2
- macOS Monterey, version 12.1, CPU Apple M1, Mem 16G

15.1.1 Setup――簡単なアプリを作る

まず、Empty Activityを作ってみます（図15.1）。Activityの概念などについては、たとえば「Android」「初心者」「プログラム」といったキーワードでググっていただければ、初心者用の知識集がたくさん出てきますので、そちらを参照してください。

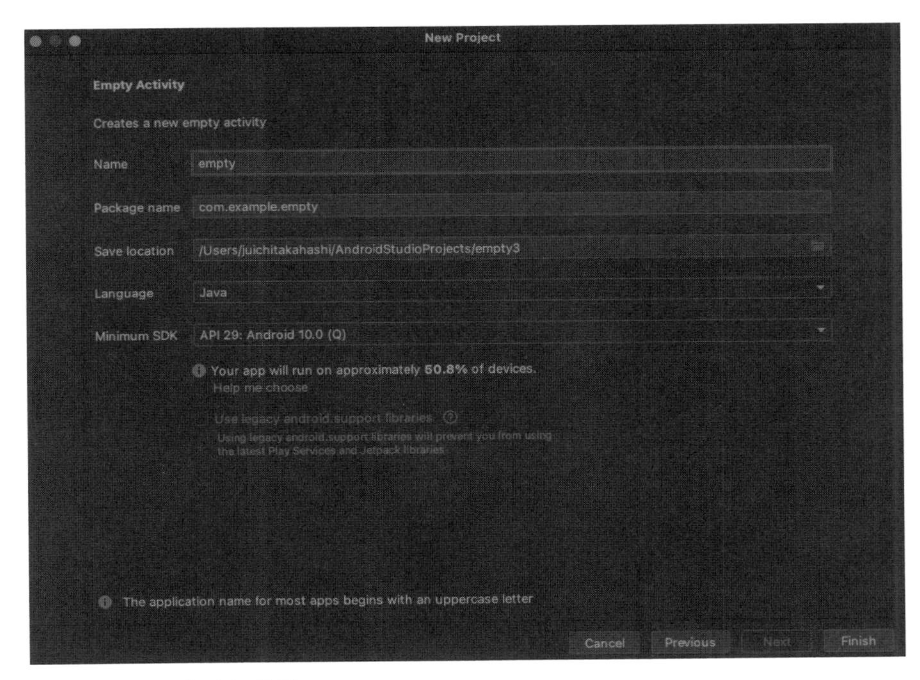

図15.1 Empty Activity作成

最初にひっかかりそうなのがフォルダー構造です（図15.2）。

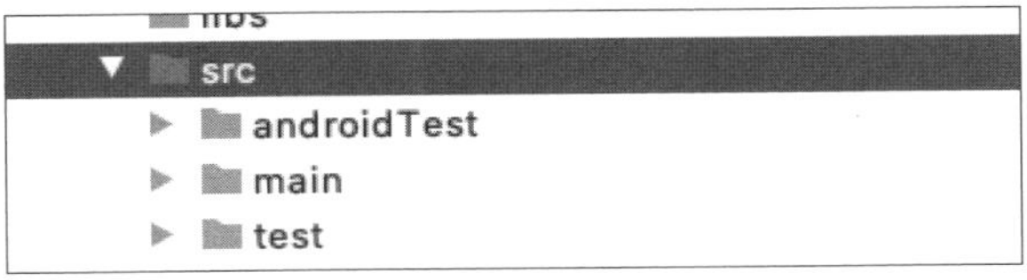

src
androidTest
main
test

図15.2 フォルダー構造

なぜかテストな感じのフォルダーが2つありますね。

```
src/androidTest
src/test
```

なんだこりゃ、と思うかもしれませんが、Googleいわく[GAD21]、

- `src/androidTest` ディレクトリには、実際のデバイスまたは仮想デバイスで実行するテストを配置します。この種のテストには、統合テストとエンドツーエンドテストに加えて、JVMだけではアプリの機能を検証できない場合のテストがあります。
- `src/test` ディレクトリには、単体テストなど、ローカルマシンで実行するテストを配置します。

https://developer.android.com/training/testing/fundamentals?hl=ja

ふむふむ。ここではテストスクリプトのメインテナンス性を損なうGUIからのテストはしないので、とりあえず`src/androidTest`は無視して、`src/test`にスクリプトを追加していきます。余談ですが、上記の説明と同じページに図15.3がありました。はい、筆者がずっとしてきた主張と合致しております。

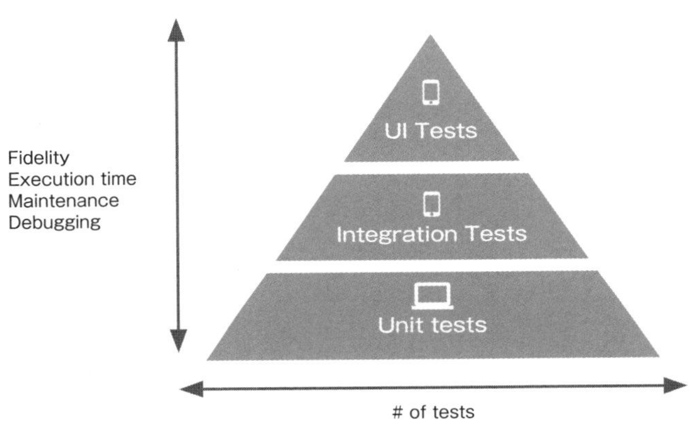

テスト ピラミッド。アプリのテストスイートに含める必要が
ある3つのテストカテゴリを示しています

図15.3　テストピラミッドの階層（Androidデベロッパーのドキュメントより）[GAD21]

さらに、この図の説明を引用すると、次の通り。

図に示すテストピラミッドは、3つのテストカテゴリ（小規模、中規模、大規模）について、アプリで扱うべき程度を示しています。

- **小規模テスト** は、1つのクラスごとにアプリの動作を検証する単体テストです。
- **中規模テスト** は、モジュール内のスタックレベルでのインタラクション、または関連するモジュール間のインタラクションを検証する統合テストです。
- **大規模テスト** は、アプリの複数のモジュールにまたがってユーザーが経験する過程を検証するエンドツーエンドテストです。

小規模テストから大規模テストへとピラミッドの段階が上がるにつれて、各テストの再現性は向上しますが、実行時間と保守及びデバッグの労力が増大します。したがって、統合テストより単体テストを増やし、エンドツーエンドテストより統合テストを増やす必要があります。各カテゴリのテストの割合はアプリのユースケースに応じて異なりますが、一般的には、小規模テスト70%、中規模テスト20%、大規模テスト10%の割合でテストを作成することをおすすめします。

なかなか良いことが書いてあります。

15.1.2 単体テストを作る

正しい単体テストでは境界値条件を考える必要がありますが、ここでは一番簡単な例を追加してみます（図15.4）。

```
c = a + b
c = a / b
```

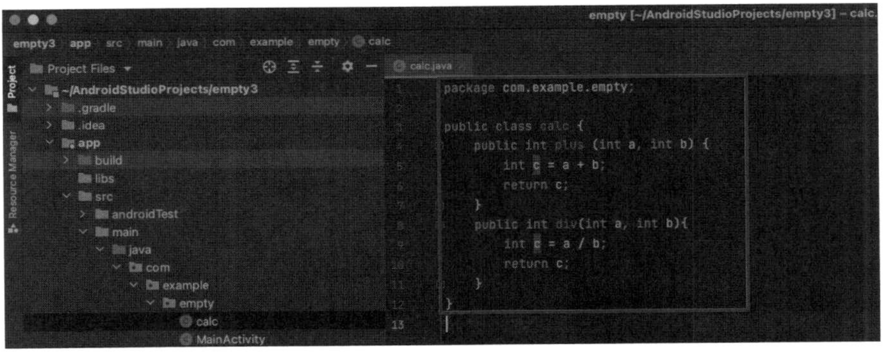

図15.4　簡単なコードを追加

追加したあと、クラス名の「calc」を選択（カーソルを当てて右クリック）し、「Test」を実行します（図15.5）。実際にテストを実行するには、まだいくつかのステップが必要です。

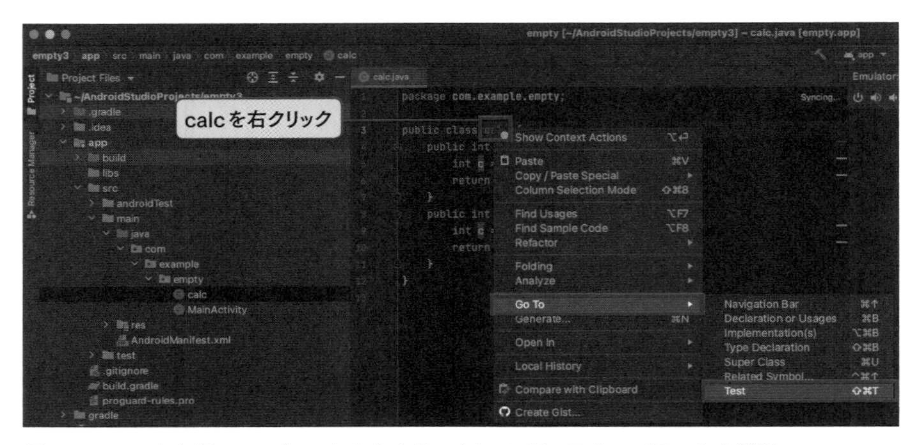

図15.5　テスト実行1――「calc」を右クリックして「Go To」→「Test」を選択

図15.6のような画面が表示されるので、Testing libraryで「JUnit4」を選択し※1、とりあえず「plus」のテストだけ作成してみます。

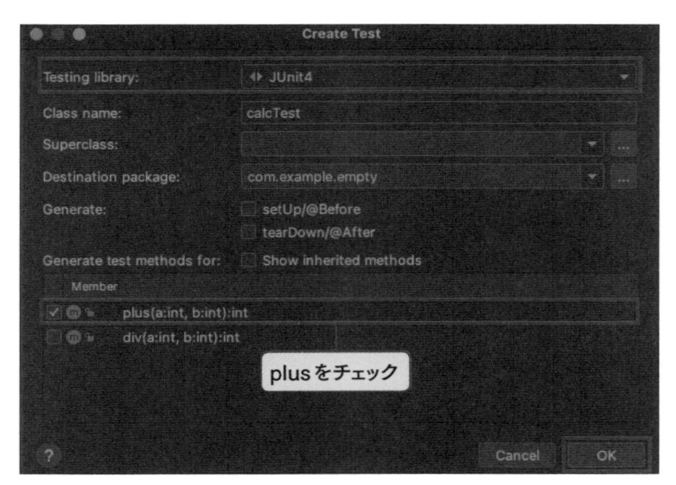

図15.6　テスト実行2――「JUnit」のバージョンを選択し、「plus」のチェックボックスをチェック

※1　執筆時点（2022年3月）では、JUnit3/4/5、Groovy JUnitを選べるが、おそらく1年経つと状況が変わってくる項目であるため、JUnitとGroovyの違いについては解説しない。

図15.7で「.../app/src/test/java/com/example/empty」ディレクトリを選択して［OK］ボタンを押すと、コードの外枠のようなものが生成されます（図15.8）。

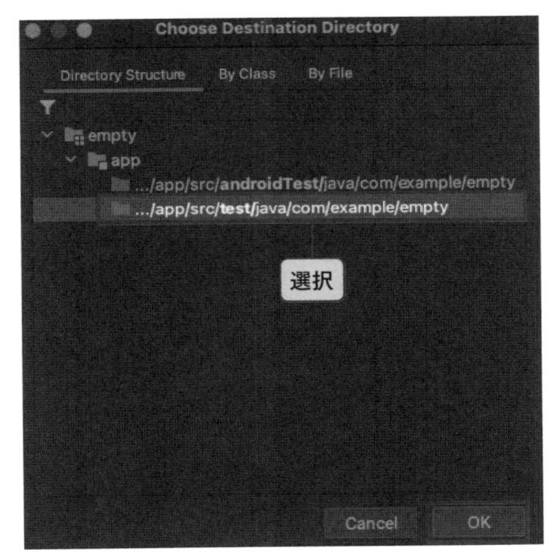

図15.7　テスト実行3——「.../app/src/test/java/com/example/empty」ディレクトリを選択

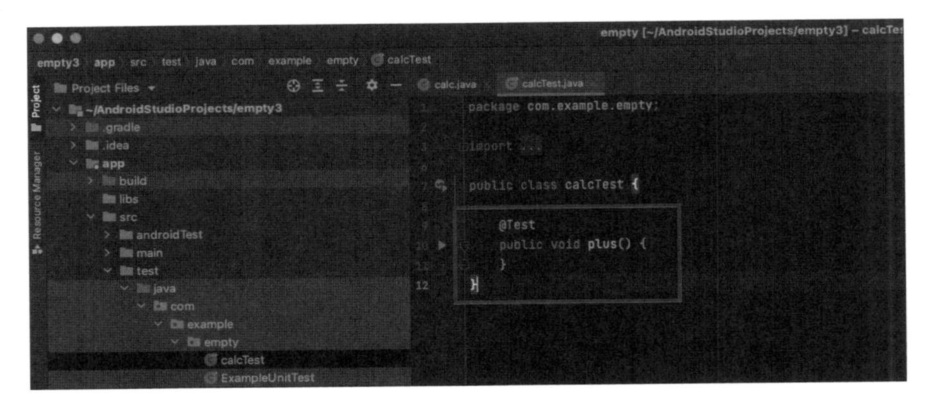

図15.8　テスト実行4——フレームの作成

とりあえず、失敗テストを追加してみます。「4 = 1 + 2 ではない」というものです。

```
assertEquals(4, mcalc.plus(1, 2), 0);  // Added test code
```

画面上では、図15.9のような感じです。

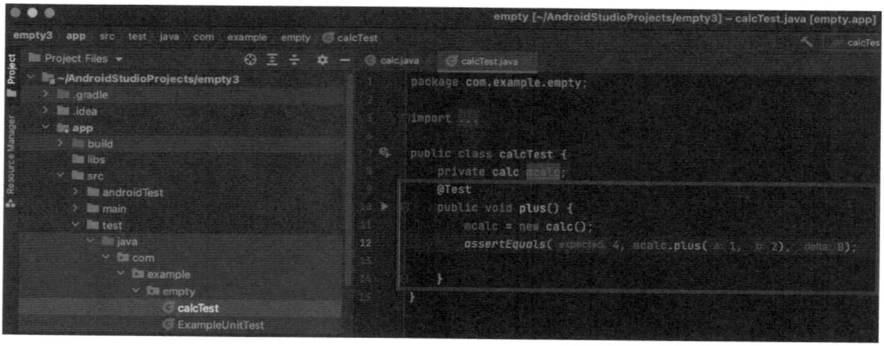

図15.9　テスト実行5――失敗テストの記述

図15.10のように、失敗テスト（calcTest）を右クリックして「Run 'calcTest'」で実行してみます。

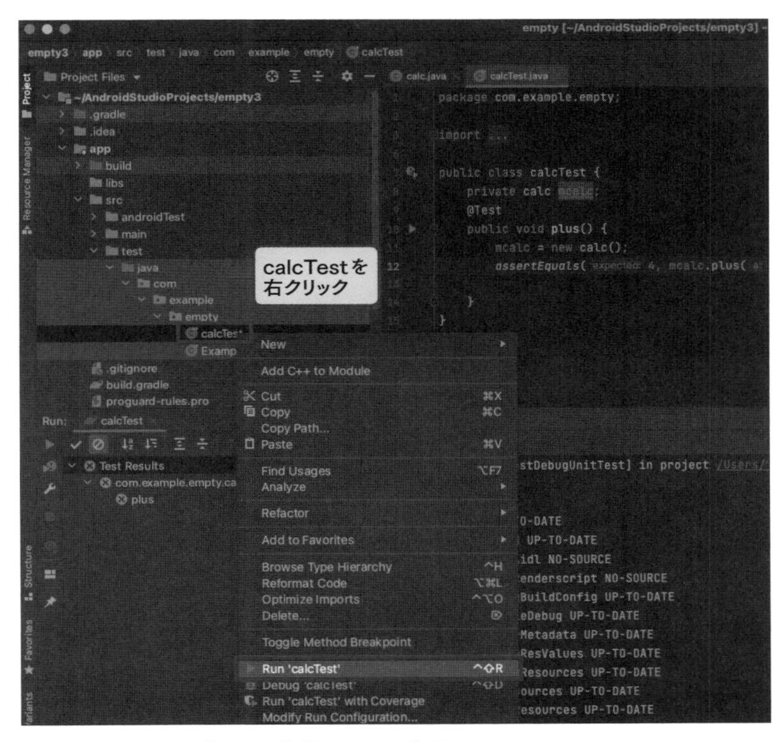

図15.10 テスト実行6——失敗テストの実行

当然、「4 = 1 + 2」ではないので、テスト結果はfail（期待するもの=失敗）で返ってきます（図15.11）。

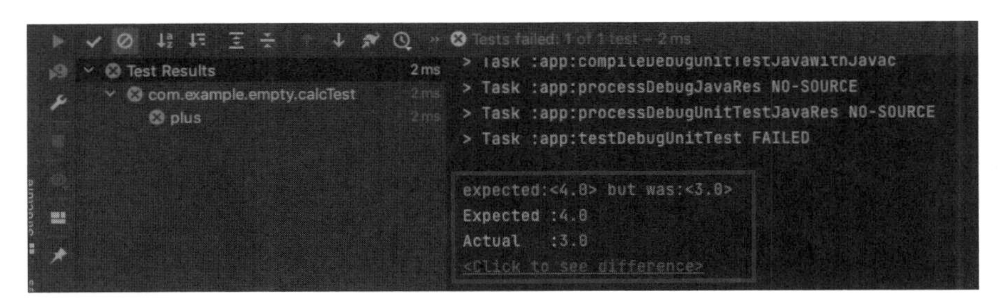

図15.11 テスト実行7——実行結果

以下のように正しい結果で定義してみます。

```
assertEquals(3, mcalc.plus(1, 2), 0);  // Added test code
```

これを実行すると、テストは成功します。当然、assertは起こりませんし、「PASS!　おめでとう!」とも言ってくれません。次節では、ここに分岐コードを加えて、コード網羅率を測定してみます。

15.2 コード網羅測定

コード網羅の設定はメンドウです（実際やるとかなりメンドウですが、この辺の技術の進化は速いので、すぐに簡単になるはずです)。

15.2.1 コード網羅ツールの準備

まず、次のどちらのツールを選ぶかを決めます。

- JaCoCo
- IntelliJ Code Coverage

執筆時点（2022年3月）では、Kotlinの場合はJaCoCoがハンドルできません。とりあえず自動テストに特化した確認なので、一番簡単そうなJavaとJaCoCoの組み合わせで進めてみます。

`build.gradle`に、以下のdebugセクションを加えます（図15.12）。

```
debug{
    testCoverageEnabled true
}
```

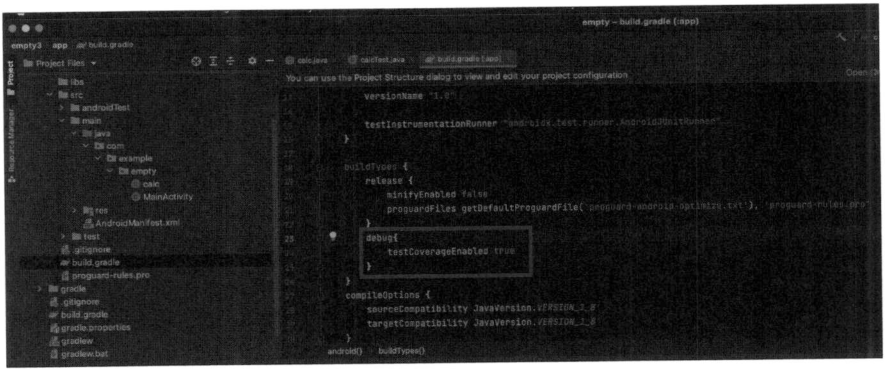

図15.12　JaCoCoの設定

15.2.2 一番簡単な網羅（命令網羅）

テストするソースは、15.1節の単体テストと同様のものを使います（リスト15.1）。単体テストのコードは、リスト15.2です。

リスト15.1　テストするソースコード

```
package com.example.empty;
public class calc {
    public int plus(int a, int b) {
        int c = a + b;
        return c;
    }
    public int div(int a, int b){
        int c = a / b;
        return c;
    }
}
```

リスト15.2　単体テスト（命令網羅）

```
public class calcTest {
    private calc mcalc;

    @Test
    public void plus() {
        mcalc  = new calc();
        assertEquals(0, mcalc.plus(0,0), 0);  // Added test code
    }
}
```

なんとなく、単体テストを実行したらplus(int a, int b)だけテストされるのは想定できますね。

```
$ ./gradlew createDebugCoverageReport
```

を実行すると、ちょっと深いフォルダーの先に、網羅率のリポートが作成されます（図15.13・図15.14）。

図15.13　単体テストの結果保存フォルダー（empty/app/build/reports/coverage/debug）

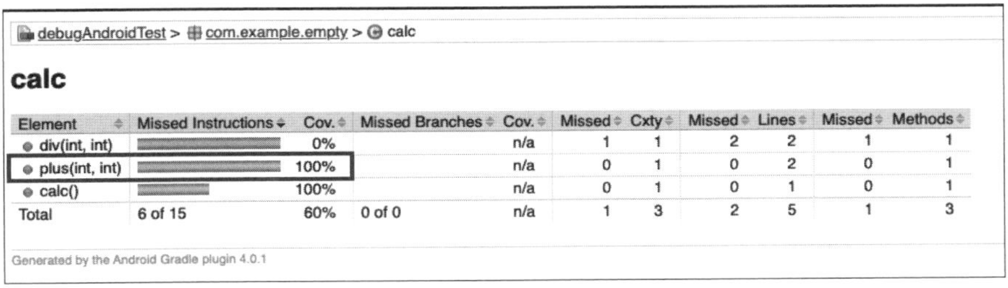

debugAndroidTest > com.example.empty > calc

calc

Element	Missed Instructions	Cov.	Missed Branches	Cov.	Missed	Cxty	Missed	Lines	Missed	Methods
div(int, int)		0%		n/a	1	1	2	2	1	1
plus(int, int)		100%		n/a	0	1	0	2	0	1
calc()		100%		n/a	0	1	0	1	0	1
Total	6 of 15	60%	0 of 0	n/a	1	3	2	5	1	3

Generated by the Android Gradle plugin 4.0.1

図15.14　単体テストの結果（empty/app/build/reports/coverage/debug/index.html）

`plus(int, int)`の部分は100%網羅されています（もちろん分岐がないので）。それでは分岐網羅がちゃんと動いているか見てみましょう。

15.2.3 分岐網羅

まずは、JaCoCoで分岐網羅がちゃんと動いているか見てみます。開発者の方は「命令網羅と分岐網羅の差は網羅率が単に10%程度違うだけ」という評価を下す場合がありますが※2、テスト屋さんにとっては命令網羅は品質保証上、何の役にも立ちません。なぜなら、一番重要なテスト手法である

※2　一般的なソフトウェアの場合、分岐のほうが10%程度低くなる。

「境界値テスト」がちゃんとされているか否かの判断は、命令網羅ではできないからです。

少し乱暴ですが、テストされる関数が分岐されているかどうかだけ確認するために、テストするソースコードをリスト15.3のように変更します。このコードでは、分母にゼロが来た場合、そのままreturn 0で抜けてしまいます。

リスト15.3　テストするソースコード（分岐網羅版）

```
public class calc {
    public int plus(int a, int b) {
        int c = a + b;
        return c;
    }
    public int div(int a, int b){
        if (b == 0){
            return 0;
        }
        else {
            int c = a / b;
            return c;
        }
    }
}
```

テストコードでは、リスト15.4の2行を追加します。いわゆる正常系で、2 / 1 = 2という正常処理のケースです。

リスト15.4　単体テスト（分岐網羅）

```
public class calcTest {
    private calc mcalc;

    @Test
    public void plus() {
        mcalc  = new calc();
        assertEquals(3, mcalc.plus(2, 1), 0); // Added plus test code
        assertEquals(2, mcalc.div(2, 1), 0);  // Added div test code
    }
}
```

この結果は、図15.15のようになります。

calc

Element	Missed Instructions	Cov.	Missed Branches	Cov.	Missed	Cxty	Missed	Lines	Missed	Methods
div(int, int)		80%		50%	1	2	1	4	0	1
plus(int, int)		100%		n/a	0	1	0	2	0	1
calc()		100%		n/a	0	1	0	1	0	1
Total	2 of 19	89%	1 of 2	50%	1	4	1	7	0	3

図15.15　単体テストの結果（分岐あり）

div関数の分岐が50%網羅されています。ここでCxtyという数値がありますが、これはCyclomatic Complexity（サイクロマチック複雑度）のことで、McCabe数とも言います※3。こんな感じで関数の複雑度を出してくれるのはすごくステキ！　分岐網羅すべきテストケース数とCxtyの数値は同じです。Cxtyが高ければ、単体テストを作るコストは比例的に上がります。

※3　Cyclomatic Complexity（McCabe数）は、McCabeが考案した「プログラムの複雑さ（複雑度）」を示す指標[MCC76]。

最後に

あとがきの前に、少しだけまとめの文章を書きます。ソフトウェア工学は2000年代初頭の段階で、出てくるべき考えはすべて出切った、と筆者は考えています。学ぶべきことは多いですが、新たなドラスティックなソフトウェア開発技術は当分生まれないでしょう。そうであれば、以下の3つの技術を適宜組み合わせて最適なやり方をすれば、それが世界最高水準のソフトウェア開発なわけです。あなたの組織はGoogleと同じ開発手法を使うことになります。

上流品質担保の手法

- **アジャイルでの要求変更が頻発する中での高速開発**
- **CI/CDのツールと手法による高速のデリバリ**
- **Hotspotを利用した効率的な単体テスト**

ここ20年、日本の経営者のソフトウェア開発に対する理解度が上がったとは思えません。「ソフトウェア開発なんて、ささってやって、新しい技術革新やろうぜ！」というのが経営者の本心でしょう（図A.1）。しかし、まだ多くのソフトウェアの現場で、非効率な開発や、それに伴う多量なバグの処理によって、ソフトウェアの開発に大きな資本が必要だったりします。もちろん、不勉強な経営者や開発マネージャーが、その非効率を後押ししています。

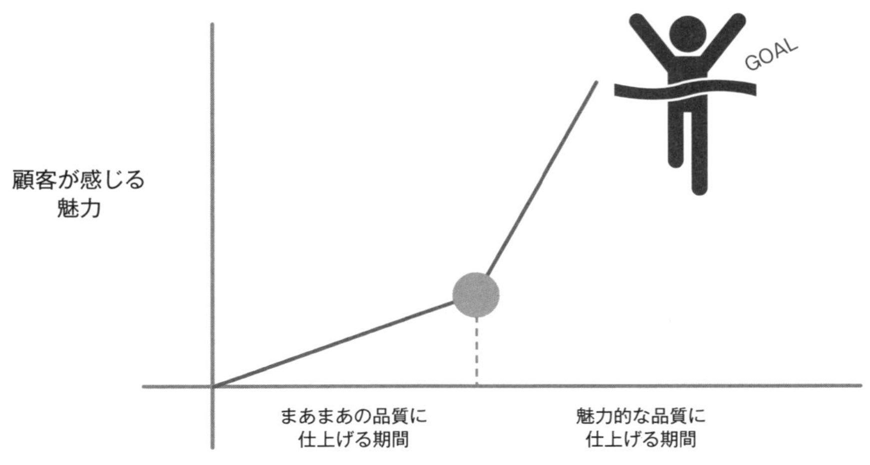

図A.1　経営がソフトウェア開発に求める像

そして図A.2のように、バグとの戦いに力尽き、顧客に訴求する魅力的なソフトウェアを開発する時間がなくなります。

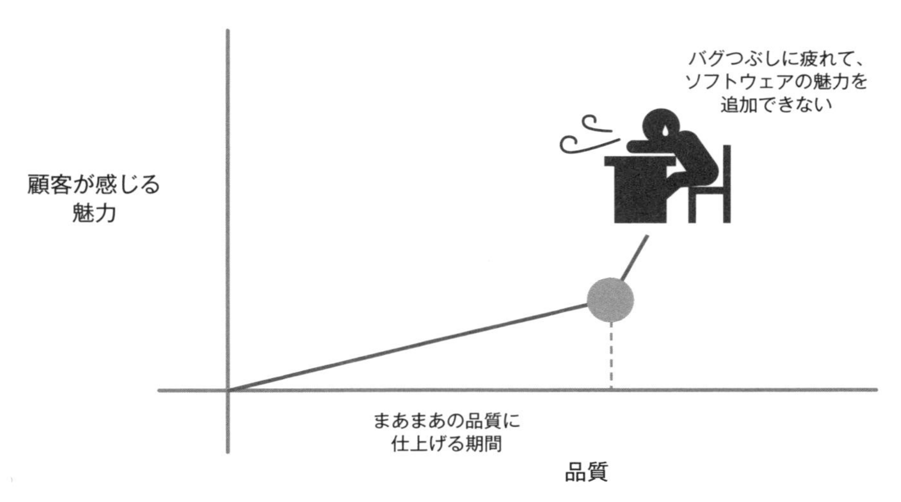

図A.2　実際のソフトウェア開発

しかし、先に挙げた3つの上流品質担保の手法により、特に**開発後半に致命的なバグが続発することはなくなるはずです。**あるいは、バグ管理ツールなるものも必要なくなると思われます。**なぜなら、ほとんどのバグは、発見されたらすぐに修正され、そのバグが再発しないような単体テストが書かれるからです。**

現状、日本のソフトウェア開発力は致命的に弱いと言えます。多くの組織では、アーキテクチャを鑑みないソフトウェアを作り、多くのバグをテストの協力会社に出してもらい、大量のバグ修正をプロジェクトの後半にやっています。

そういうことをやらないように、本書の読者が少しだけでも自組織の体質改善を試みていただければ、多くの時間を本書につぎ込んだ筆者としては嬉しい限りです。

あとがき

あいかわらず薄い本を書いている筆者でした……よく読者から怒られます――「薄くて高い！」。

ただ、内容は薄くないと自負しています。なぜなら、いつも本に書く文章の100倍以上の文献に目を通していてそれを要約し、自分の20年以上の経験を混ぜているからです。

たまにAmazonの書評に、「自分の経験を押しつけている」といった批判的な意見を見ますが、それは甘んじて受けます。ソフトウェア開発はすでに巨大なものになり、ウォーターフォールモデル、アジャイルモデルなどさまざまな開発スタイルがあり、それを全部書くことは不可能です。なので、筆者のうまくいかなかったたくさんの経験や、少しうまくいった経験を書くことになります。本書はある読者には役に立ち、ある読者にはまったく役に立たないかもしれません。しかし、多くの論文と筆者の長い経験は、もし読者が品質トラブルに陥ったときに、良い解決パターンの引き出しになると考えています。

上流品質やアジャイルでの品質の問題は、多岐にわたります。ソフトウェア開発やテストといった単一の技術エリアならば、頭のよい人ならうまく仕事をハンドリングできます。しかし、上流・アジャイル品質の場合は、

「品質に関する深い知見」「開発者と同等のプログラミング能力」「多くの失敗経験」、この3つがないと解決できません。今後品質を向上させるエンジニアは多彩なスキルセットが必要となってくると想像します。ウォーターフォル時代のテスト担当者はアジャイル時代の品質に対応するため多くの様々な知識取得を強いられるかもしれません。

そういう意味では、Microsoft、SAP、ソニーという巨大企業で多くの失敗をさせてもらった筆者の経験が読者の役に立つと幸いです。

ただ1つだけ、うまく書けなかった点があります。それは、非機能に対する扱いです。非機能品質（特にパフォーマンス・セキュリティ・信頼性）、いわゆる非機能のバグに対してどのように上流・アジャイルテストをするのか、どのようにコーディングすると非機能品質が担保できるかについてはあえて書きませんでした。それは、本書の構成をさらに複雑にし、読者の新しい領域に対する理解を妨げるような気がしたからです。それでは、どうやって非機能の品質をテストで担保するのでしょうか？

実は非機能品質とは、機能品質が組み合わされたものだったり、機能品質のバグなのに非機能品質のバグと名前を変えたりしています。たとえば、ファジングテスト※1で見つかるセキュリティバグの多くは、境界値テストの欠如からくるバグだったりします。要は、機能を組み合わせて、その組み合わせた機能群を抽象度の高い言い方をするのが非機能とも考えられます（ちょっと乱暴ですが）。

※1　https://www.ipa.go.jp/security/vuln/fuzzing.html

なので、「基本機能テストをしっかりブレークダウンして、それを網羅すれば問題がない」という立ち位置で非機能を考えていただければ、あながち間違いではありません。

本書では、テストで利用するツールについても、実際のツール名を挙げて説明しました。しかし、ツールは日々進化するものです。最新のツール動向についてはGoogle検索などで情報収集し、最新・最適なツール選択をしてください。

☆☆☆

これまで筆者にさまざまな経験を与えてくれた方々へ感謝を込めて。SAP、シアトルのMicrosoft本社、ソニー本社に勤めさせていただいたのは大きな経験でした。一人のライフサイクル（人生）の中で、こういった多様な組織でテストを経験する日本人は非常に少ないでしょう。また、これまで多くの著名な学者たちと幸運ながら出会えたのも大きな経験となりました。『ピープルウエア』など多数のソフトウェア工学書の著者であるTom DeMarcoとは、空港に迎えに行った際、「寿一、このIEEE softwareのアジャイルの記事見たか！」と話をさせてもらったのが記憶に残っています。ソフトウェア品質の研究者であるCapers Jonesとは、かなり長い時間、話をさせてもらいましたが、FP（Function Point）一筋で異論はあったものの（常にFPベースで議論）、すべてのソフトウェア問題を定量的に解決しようとする一直線な姿は圧巻でした。

テスト周りでは、『How Google Tests Software』の著者であるJames Whittakerや、世界で一番売れたテスト本の著者／探索的テストの考案者／筆者の大学院時代の指導教官のCem Kanerに長い時間、指導を受けたのは特筆すべきことです。開発や品質に関する世界トップの彼らと意見交換するたび、筆者は常にソフトウェア品質について真摯に考えさせられました。

そういった意味では、本書は私のお世話になった組織や多くの研究者の意見の寄せ集めなのかもしれません。

最後に、妻の支えや、執筆のため家族との時間を犠牲にする父に対して子どもたちの真優・暖が優しく接してくれたこと――それらは長い執筆時間のストレスを大きく軽減させてくれました。ここに深い感謝の念を示します。

情報工学博士　高橋 寿一

著者略歴

高橋寿一（たかはし じゅいち）

情報工学博士。1964年東京生まれ。フロリダ工科大学大学院にてCem Kaner博士（探索的テスト手法考案者）、James Whittaker博士（『How Google Tests Software』著者）にソフトウェア品質の指導を受けたあと、広島市立大学にてソフトウェア品質研究により博士号取得。Microsoftシアトル本社・SAPジャパンでソフトウェアテスト業務に従事、ソニー（株）ソフトウェア品質担当部長を経て、株式会社AGEST執行役員。

その他の著書

- 『知識ゼロから学ぶソフトウェアテスト』翔泳社（日本で一番売れているソフトウェアテストの書籍）
- 『知識ゼロから学ぶソフトウェアプロジェクト管理』翔泳社
- 『現場の仕事がバリバリ進む ソフトウェアテスト手法』技術評論社

参考文献

本書では、なるべく参考文献を多用し、筆者の経験による教訓を書きました。しかし、それが筆者の単なる思い込みでは読者に失礼なので、すべての思い込みが参考文献によって証明されているときのみ、本書に展開しました（あのPMは非常にムカついたから本書に展開して悪口書いてやろうといったことはしていません）。

参考文献は、20年前、30年前に刊行されたものも含まれます。それが今でもAmazonで販売されているということは、夏目漱石レベルの名著（？）であり、今でも通用すると信じています。

ソフトウェア工学の基礎研究は、2000年代前半に完了している感があります。なので、2010年代の最新の書籍を参考にしたかったのですが、多くの基礎的技術を立証した人が最近は書籍を書いていないため、古い書籍が含まれています。

また、本書を読み進めるうえで、読んでいただきたい書籍を「推奨する参考文献」として以下に示します。最近、20代、30代の多くのエンジニアのソフトウェア基礎力がなくなっているように感じます。思えば、私たちが若輩であった頃は、ソフトウェア工学の研究が盛んで、多くの著名な研究者と直接会話する機会があり、さらには書店にいけば研究者が執筆した著名な書籍を手にとって見ることができました。しかし、現在はそういった著名な書籍を書店で見かけることが少なくなり、若い人が直属の上司からそういった書籍を推薦されることもないだろうと考え、ここで推薦させてもらいます（ギリギリAmazonで買えそうな書籍、かつ本書を読み進めたあとに理解を深めることができるものたちです）。

推奨する参考文献

参考文献の中には、日本語訳されているのもあります。本書の執筆に際しては、参考資料の精度を上げるため、多くの場合に原書（英語）での参照を行いました。以下は特に推奨する参考文献です。本書では概要程度しか説明できなかった重要な内容が、これらの参考文献では十分に展開されています。

[KAR14] Karl Wiegers, Joy Beatty,『Software Requirements, Third Edition』, Microsoft Press, 2013 ISBN：9780735679665
日本語訳『ソフトウェア要求 第3版』, 日経BP, 2014
ISBN：9784822298395

[MCC04] Steve McConnell,『Code Complete: A Practical Handbook of Software Construction, Second Edition』, Microsoft Press, 2004
ISBN：9780735619678
日本語訳『Code Complete 第2版 上　完全なプログラミングを目指して』, 日経BP, 2005 ISBN：9784891004552
『Code Complete 第2版 下　完全なプログラミングを目指して』, 日経BP, 2005 ISBN：9784891004569

[FOW99] Martin Fowler, Kent Beck, John Brant, William Opdyke and Don Roberts,『Refactoring: Improving the Design of Existing Code』, Addison-Wesley Professional, 1999 ISBN：9780201485677
日本語訳『新装版 リファクタリング　既存のコードを安全に改善する』, オーム社, 2014 ISBN：9784274050190

その他の参考文献

[ABR02] Pekka Abrahamsson, Outi Salo, Jussi Ronkainen, Juhani Warsta, "Agile software development methods Review and analysis", VTT Technical Research Centre of Finland, VTT Publications 478, 2002
Web https://www.vttresearch.com/sites/default/files/pdf/publications/2002/P478.pdf

[BAS16] Ali Basiri, Niosha Behnam, Rund de Rooij, Lorin Hochstein, Luke Kosewski, Justin Reynolds, and Casey Rosenthal, "Chaos Engineering", IEEE Software, May/June 2016

[BEC01] Kent Beck,『XPエクストリーム・プログラミング入門―ソフトウェア開発の究極の手法』, ピアソンエデュケーション, 2001　ISBN：9784894712751

[BEC02] Kent Beck,『Test Driven Development: By Example』, Addison-Wesley Professional, 2002　ISBN：9780321146533
日本語訳『テスト駆動開発』, オーム社, 2017　ISBN：9784274217883

[BEC05] Kent Beck,『XPエクストリーム・プログラミング入門―変化を受け入れる』, 2005, ピアソンエデュケーション　ISBN：9784894716858

[BEI90] Boris Beizer,『Software Testing Techniques 2nd Edition』, Van Nostrand Reinhold, 1990　ISBN：9780442206727
日本語訳『ソフトウェアテスト技法　自動化、品質保証、そしてバグの未然防止のために』, 日経BPマーケティング, 1994　ISBN：9784822710019

[BES17] "The Agile Manifesto for Software Development", BEST WEBSITE NOW, 2017
Web https://bestwebsitenow.com/developer-news/agile-manifesto-software-development/

[CAO08] Lan Cao, Balasubramaniam Ramesh, "Agile Requirements Engineering Practices: An Empirical Study", IEEE Software, January/February, 2008

[CHI94] Shyam Chidamber and Chris Kemerer, "A Metrics Suite for Object Oriented Design", IEEE Transactions on Software Engineering, vol. 20, Issue 6, 1994.

[CLE01] Paul Clements, Rick Kazman, and Mark Klein,『Evaluating Software Architectures: Methods and Case Studies』, Addison-Wesley Professional, 2001 ISBN：9780201704822

[DOB02] Liliana Dobrica and Elia Niemelä, "A Survey on Software Architecture Analysis Methods" IEEE Transactions on Software Engineering, vol. 28, Issue 7, 2002

[DOK18] 独立行政法人 情報処理推進機構（IPA), "組込みソフトウェア開発向けコーディング作法ガイド［C言語版］ESCR Ver.3.0", 2018
Web https://www.ipa.go.jp/files/000064005.pdf

[DOR19] Dorothy Graham, Rex Black, and Erik van Veenendaal,『Foundations of Software Testing ISTQB Certification, 4th edition』, Cengage Learning EMEA, 2019 ISBN：9781473764798

[DYB07] Tore Dybå, Erik Arisholm, Dag Sjoberg, Jo Hannay, and Forrest Shull, "Are Two Heads Better than One? On the Effectiveness of Pair Programming", IEEE Software, Nobember/December, 2007

[FEN98] Norman Fenton, Shari Lawrece Pfleeger,『Software Metrics』, PWS Publishing Company, 1998

[ICH20] 市谷聡啓，新井剛，小田中育生，『いちばんやさしいアジャイル開発の教本─人気講師が教えるDX（デジタルトランスフォーメーション）を支える開発手法』，インプレス，2020 ISBN：9784295008835

[IPA17] 独立行政法人情報処理推進機構（IPA), "ソフトウェア開発データが語るメッセージ「設計レビュー・要件定義強化のススメ」～定量データに基づくソフトウェア開発のプロセス改善を目指して～", 2017
Web https://www.ipa.go.jp/files/000058505.pdf

[IPA20] 独立行政法人情報処理推進機構（IPA), "ソフトウェア開発分析データ集2020", 2020
Web https://www.ipa.go.jp/files/000085879.pdf

[ISHI14] 石川達也，三浦一仁，前川博志，"テスト自動化のパターンと実践", 2014
Web https://www.slideshare.net/Posaune/ss-42682479

[JIA11] Yue Jia and Mark Harman, "An Analysis and Survey of the Development of Mutation Testing", IEEE Transactions on Software Engineering, vol.37, Issue5, 2011

[JON08] Capers Jones, 『Applied Software Measurement: Global Analysis of Productivity and Quality Third Edition』, McGraw-Hill Education, 2008 ISBN：9780071502443

[GAD21] Androidデベロッパー（Android Developers）「テストの基礎」
Web https://developer.android.com/training/testing/fundamentals?hl=ja

[GAM94] Erich Gamma, Richard Helm, Ralph Johnson, John Vlissides, 『Design Patterns: Elements of Reusable Object-Oriented Software』, Addison-Wesley Professional, 1994 ISBN：9780201633610
日本語訳『オブジェクト指向における再利用のためのデザインパターン（改訂版）』, SBクリエイティブ, 1999 ISBN：9784797311129

[GLA90] David N. Card, Robert L. Glass, 『Measuring Software Design Quality』, Prentice Hall, 1990 ISBN：9780135685938

[GRA93] Robert B. Grady, "Practical Results from Measuring Software Quality" Communications of the ACM, vol. 36, No. 11, 1993

[GOO20] Carlos Arguelles, Marko Ivanković, and Adam Bender, 'Code Coverage Best Practices'
Web https://testing.googleblog.com/2020/08/code-coverage-best-practices.html?utm_source=feedburner&utm_medium=email&utm_cam

[KAN02] Stephen H. Kan, 『Metrics and Models in Software Quality Engineering』, Addison-Wesley Professional, 2002 ISBN：9780201729153

[KAN99] Cem Kaner, Jack Falk, Hung Q. Nguyen, 『Testing Computer Software』, Wiley, 1999
日本語訳『基本から学ぶソフトウェアテスト』, 日経BP, 2001 ISBN：9784822281137

[KAR04] Karl E. Wiegers,『Peer Reviews in Software: A Practical Guide』, Addison-Wesley Professional, 2001　ISBN：9780201734850
日本語訳『ピアレビュー　高品質ソフトウェア開発のために』, 日経BP, 2004　ISBN：9784891003883

[LAR04] Craig Larman,『Agile and Iterative Development: A Manager's Guide』, Addison-Wesley Professional, 2003　ISBN：9780131111554
日本語訳『初めてのアジャイル開発』, 日経BP, 2004
ISBN：9784822281915

[LAT11] Anthony J. Lattanze,『Architecting Software Intensive Systems: A Practitioners Guide』, Auerbach Publications, 2008　ISBN：9781420045697
日本語訳『アーキテクチャ中心設計手法　ソフトウェア主体システム開発のアーキテクチャデザインプロセス』, 翔泳社, 2011　ISBN：9784798122373

[LEF10] Dean Leffingwell,『Scaling Software Agility: Best Practices for Large Enterprises』, Addison-Wesley Professional, 2007　ISBN：9780321458193
日本語訳『アジャイル開発の本質とスケールアップ　変化に強い大規模開発を成功させる14のベストプラクティス』, 翔泳社, 2010
ISBN：9784798120409

[LIN79] Richard C. Linger, Harlan D. Mills, and Bernard I. Witt,『Structured Programming: Theory and Practice』, Addison-Wesley, 1979
ISBN：9780201144611

[LIT04] Todd Little, "Value Creation and Capture: A model of the Software Development Process", IEEE Software, May/June, 2004

[LUN00] Chung-Horng Lung and Kalai Kalaichelvan, "An Approach to Quantitative Software Architecture Sensitivity Analysis". International Journal of Software Engineering and Knowledge Engineering, vol. 10, No. 1, 2000

[MAI10] Neil Maiden and Sara Jones, "Agile Requirements, Can We Have Our Cake and Eat It Too", IEEE Software, May/June, 2010

[MAR04] Robert Martin,『Agile Software Development』, Pearson Education Limited, 2013
日本語訳『アジャイルソフトウェア開発の奥義』, SBクリエイティブ, 2004
ISBN：9784797323368

[MYE79] Glenford J. Myers, Corey Sandler, Tom Badgett,『The Art of Software Testing』, Wiley, 1979
日本語訳『ソフトウェア・テストの技法』, 近代科学社, 2006 ISBN：9784764903296

[MCC76] Thomas J. McCabe, "A Complexity Measure". IEEE Transactions on Software Engineering, vol. SE-2, No. 4, 1976
Web https://ieeexplore.ieee.org/document/1702388

[MUS98] John D. Musa,『Software Reliability Engineering』, McGraw-Hill, 1998
ISBN：9780079132710

[NET11] "The Netflix Simian Army", Netflix Technology Blog, 2011
Web https://netflixtechblog.com/the-netflix-simian-army-16e57fbab116

[OFF01] Jefferson Offutt and Roland Untch, "Mutation 2000: Uniting the Orthogonal", The Springer International Series on Advances in Database Systems, vol 24, 1901.

[PET18] Goran Petrovic and Marko Ivankovic, “Steate of Mutation Testing at Google”, Proceedings of the 40th International Conference on Software Engineering, SEIP, 2018

[PIT21] Pitest, 2021
Web https://pitest.org/

[PRI18] Principles of chos engineering, 2018
Web https://principlesofchaos.org/ja/

[PUT03] Lawrence H. Putnam, Ware Myers,『Five Core Metrics: The Intelligence Behind Successful Software Management』, Dorset House, 2003
ISBN：9780932633552
日本語訳『初めて学ぶソフトウエアメトリクス　プロジェクト見積もりのためのデータの導き方』, 日経BP, 2005　ISBN：9784822282424

[REA14] Pedro Reales, Macario Polo, José Luis Fernández-Alemán, Ambrosio Toval, Mario Piattini, “Mutation Testing” IEEE Software, May/June, 2014

[ROY70] Winston W. Royce, "Managing The Development of Large Software Systems”, Proceedings of IEEE WESCON, 1970

[SAS99] M. Angela Sasse and Chris Johnson, "Human-Computer Interaction INTERACT ’99", IFIP TC. 13, International Conference on Human-Computer Interaction, 1999

[SAV97] S. Savage, M. Burrows, G. Nelson, P. Sobalvarro, and T. Anderson, “Eraser: A dynamic data race detector for multithreaded programs”, ACM Transactions on Computer Systems, Vol.15, Issue4, 1997

[SHI93] 山田茂, 高橋宗雄,『ソフトウェアマネジメントモデル入門―ソフトウェア品質の可視化と評価法―』, 共立出版, 1993　ISBN：9784320026353

[SUN16] Wenying Sun, George Marakas, Miguel Aguirre-Urreta, "The Effectiveness of Pair Programming Software Professionals' Perceptions", IEEE Software, July/August, 2016

[TAK86] Hirotaka Takaeuchi, Ikujiro Nonaka, "The New New Product Development Game", Harvard Business Review, January, 1986

[TIL15] Stefan Tilkov, "The Modern Cloud-Based Platform", IEEE Software, March/April, 2015

[USA10] Macario Polo Usaola and Pedro Reales Mateo, "Mutation Testing Cost Reduction Techniques: A Survey", IEEE Software, May/June, 2010

[WAS19] 鷲崎弘宜, "アジャイル品質パターン (Agile Quality, QA2AQ)", 2019
Web https://www.slideshare.net/hironoriwashizaki/agile-quality-qa2aq-148971486

[WIE03] Karl Wiegers『ソフトウェア要求—顧客が望むシステムとは』, 日経BPソフトプレス, 2003 ISBN：9784891003548

[WIL00] Laurie Williams, Robert Kessler, Ward Cunningham, and Ron Jeffries, “Strengthening the Case for Pair Programming”, IEEE Software, July/August, 2000

[WNI20] Titus Winters, Tom Manshreck, and Hyrum Wright,『Software Engineering at Google』, O’Reilly, 2020 ISBN：9781492082798
日本語訳『Googleのソフトウェアエンジニアリング—持続可能なプログラミングを支える技術、文化、プロセス』, オライリージャパン, 2021 ISBN：9784873119656

[WRA10] Stuart Wray, "How Pair Programming Really Works", IEEE Software, January/Februally, 2010

[ZHA19] Jie Zhang, Lingming Zhang, Mark Harman, Dan Hao, Yue Jia, Lu Zhang, “Predictive Mutation Testing” IEEE Transactions on Software Engineering, vol.45, Issue9, 2019

索引

[せ]

[そ]

[た]

[ち]

[て]

DTP＆本文デザイン　株式会社シンクス
装丁　イイタカデザイン 飯高 勉

ソフトウェア品質を高める開発者テスト　改訂版
アジャイル時代の実践的・効率的でスムーズなテストのやり方

2022年6月15日　初版 第1刷発行

著　者　　高橋 寿一（たかはし じゅいち）
発行人　　佐々木 幹夫
発行所　　株式会社 翔泳社（https://www.shoeisha.co.jp）
印刷・製本　日経印刷株式会社

ISBN978-4-7981-7639-0　Printed in Japan